Helmut Lauruschkat • Ein Geschäftsführer der internationalen Gesellschaft Micro Engineering
Mikroelektronik • Mikromechanik • Mikrooptik

Helmut Lauruschkat

Ein Geschäftsführer der internationalen Gesellschaft Micro Engineering Mikroelektronik • Mikromechanik Mikrooptik

p u b l i c   b o o k   m e d i a   v e r l a g

FRANKFURT A/M ✱ LONDON ✱ NEW YORK

Die neue Literatur, die – in Erinnerung an die Zusammenarbeit Heinrich Heines und Annette von Droste-Hülshoffs mit der Herausgeberin Elise von Hohenhausen – ein Wagnis ist, steht im Mittelpunkt der Verlagsarbeit. Das Lektorat nimmt daher Manuskripte an, um deren Einsendung das gebildete Publikum gebeten wird.

Bibliografische Information der Deutschen Nationalbibliothek
Die Deutsche Nationalbibliothek verzeichnet diese Publikation in der Deutschen Nationalbibliografie; detaillierte bibliografische Daten sind im Internet abrufbar über http://dnb.d-nb.de.

Titelbild: Hintergrund: Roman/Pixabay
Ausschnitt aus Wafer: Phiarc, CC BY-SA 4.0
<https://creativecommons.org/licenses/by-sa/4.0>, via Wikimedia Commons

Websites der Verlagshäuser der Frankfurter Verlagsgruppe:

www.frankfurter-verlagsgruppe.de
www.frankfurter-literaturverlag.de
www.frankfurter-taschenbuchverlag.de
www.public-book-media.de
www.august-von-goethe-literaturverlag.de
www.fouque-literaturverlag.de
www.weimarer-schiller-presse.de
www.deutsche-hochschulschriften.de
www.prinz-von-hohenzollern-emden.de

Gedruckt auf säurefreiem, alterungsbeständigem Papier, hergestellt aus chlorfrei gebleichtem Zellstoff (TcF-Norm).

Printed in the EU

ISBN 978-3-8372-2752-9

Im Verlag public book media erscheinen regelmäßig Werkstattausgaben, die der Verfasser gestaltet und die vom Verlag auf Wunsch des Autors/der Autorin nicht durch Lektorierung standardisiert werden. Das Buchprogramm gewährt somit unmittelbare Einblicke in den Arbeitsprozess eines Schriftstellers. Der Verlag bittet deshalb um Verständnis für etwaige Besonderheiten und Regelabweichungen, Gestaltungsformen, die so individuell sind, dass sie als grammatische oder Satzfehler missverstanden werden können oder jedenfalls einen authentischen Einblick in die Schriftstellerwerkstatt gewähren.

Ein Unternehmen der
FRANKFURTER VERLAGSGRUPPE GMBH
Mainstraße 143
D-63065 Offenbach
Tel. 069-40-894-0 ▪ Fax 069-40-894-194
E-Mail: lektorat@frankfurter-literaturverlag.de

Es geht um etwas zu schaffen,
mit dem man sich
jeden Tag gut fühlen kann
für die Zukunft der Menschen,
zusätzlich zu „nice to have“.

Elon Musk

let’s go

Vorwort

Geschäftsführergeschichten werden in Er-Version von Lau geschrieben, d.h. als wäre er ein anderer. Sie stammen aus technischen bzw. persönlichen Erfahrungen und sind aber immer anonymisiert, tabuisiert und pointiert.
Alles beruht auf der Anfangszeit der Mikrotechnik als Zeitgeschichte mitten in technischen Umbrüchen von Feingeräten über Mikrostrukturen und Microtec zu Mobilfunk, PC und Digitalisierung.
Diese Beschreibungen stehen vielleicht auch für Vergleiche mit anderen Berufsleben in Verbindung und bieten somit interaktive Möglichkeiten.

Der Autor

Dr.-Ing. Betr.-Wirt Helmut Lauruschkat

Helmut Lauruschkat mit seiner schulischen, industriell beruflichen und universitären Berliner Ausbildung führte technisch-wissenschaftliche Sachkommunikation vernetzt mit vielen persönlichen Kontakten als Geschäftsführer seit 1979 beginnend im Alter von 35 Jahren durch.

Dies fand in zwei übergeordneten Organisationen in einer gemeinnützigen Fachgesellschaft über 17 Jahre mit zum Micro Engineering hin angepassten Namen statt.

Er war auch europäischer Generalsekretär der Precision Engineering.

Aus der Elektroindustrie Berlin und Hamburg kommend schrieb und redigierte er über 150 Veröffentlichungen.

Neben seinen rund 100 veranstalteten meist internationalen Kolloquien und Fachtagungen oft mit fachbegleiteten Messen sowie den 3 Weltkongressen – in Lausanne, Sao Paulo mit Messe, Basel – teilte er die gewonnenen Erfahrungen in der universitären Lehre und in der Vereins-/Verbands-Weiterbildung mit.

Berufsstationen

- Siemens Berlin und Hamburg
- Bosch Siemens Berlin
- Technische Fachhochschule Gauß Berlin
- Technische Universität Berlin
- Bergische Universität Wuppertal
- Gesellschaft in den zwei westeuropäisch größten technisch-wissenschaftlichen Organisationen

Inhalt

Die Geschäftsstellenarbeit

Einleitung

Der Geschäftsführer

Nach Machiavelli – dem italienischen Staatsmann † 1527 – handelte Lau, der anonymisierte Geschäftsführer nie.

Machiavellismus gilt als Lehre und Praxis mit dem Vorrang einer bedenkenlos-ungehemmten Machtausübung vor jeder Moral.

Michel Foucault (1926-1984) hatte auch viele Gedanken zu „Was macht Macht“: Es folgt aus Wissen und ist innewohnend. Daher der Spruch: Wissen ist Macht.

Besser war Lau's Motto integrieren statt intrigieren und dies gewollt ethisch.

Mit Herzblut und Leidenschaft arbeitete er gern für eine übergeordnete Sache:

Mensch-Technik-Interaktion und das im Teamgeist mit Betonung auf Geist hinter Denken und Tun. Dies nicht aus reinem Selbstzweck, sondern als gesellschaftlichen Beitrag.

Inspirierende Führung war sein Stil. Es heißt Mitarbeiter erkennen was sie tun und dann sie in den Mittelpunkt stellen. Ihre Arbeit auf die eigene Arbeit transformieren und zwar durch emotionale Ansprache bzw. Identifikation und somit jedes Engagement stärken.

Keine Personen und Beteiligten werden hier identifiziert; sie sind alle anonymisiert.

Die Geschäftführung dieser Gesellschaft Micro Engineering ist in zwei großen technisch-wissenschaftlichen Organisationen. Sie bestehen aus Mitgliedern und ehrenamtlichen Mitarbeitern in großer Anzahl sogar aus verschiedenen europäischen Ländern sowie weltweiten Verbindungen und Freundeskreisen.

Die Akteure kamen aus höheren Positionen der Lehre und Industrie. Man kann sie auch Koryphäen oder Experten nennen.

Es ist schon eine Aufgabe mit Fingerspitzengefühl und Gegenwärtigkeit zu der man neigen muss, sei es durch Herkunft oder Charakter.

Freundlichkeit, Verbindlichkeit, Verschwiegenheit, Ehrfurcht und Achtung sowie Behilflichkeit sind nur einige Dinge der Voraussetzungen, also herzliche Humankriterien bzw. Soft Skills.
Man sollte Ankommen und nicht Schiedsrichter sein.

Sogar zu gutes Durchsetzungsvermögen, was von Industriefirmen in Stellenanzeigen oft verlangt wird, ist bei ehrenamtlicher Arbeit nicht von Vorteil. Bescheidenheit und sich Zurücknehmen war für Lau angebracht.

Er schob seine Erfolge oft anderen zu. Beispielsweise setzte er sich für seine mitbeteiligten Buchveröffentlichungen für andere bei Verlagen ein.

Lau hatte nie einen Geltungsdrang, was sich seiner Meinung nach auch nicht auszahlt.

Die ersehnte Geschäftsführerstelle erhielt er auf eine Blindbewerbung, die zunächst abgelehnt wurde. Auf die an ihm vorbeigegangene Stellenausschreibung hätte er sich nicht beworben, weil sie ganzseitig sehr hochtrabend verfasst war.

Überraschenderweise erhielt er dann doch von einem Personalchef eine Einladung.

Selbst beim Vorstellungsgespräch bei zwei Direktoren führte Lau noch Bedenken an, die mit dem Satz abgetan wurden: „Dies werden sie schon noch lernen.“

Kurz vor dem Stellenantritt am 1.3.1979 reiste Lau noch nach London, um sein Englisch aufzufrischen, denn das war als fließend in Wort und Schrift eine Bedingung.

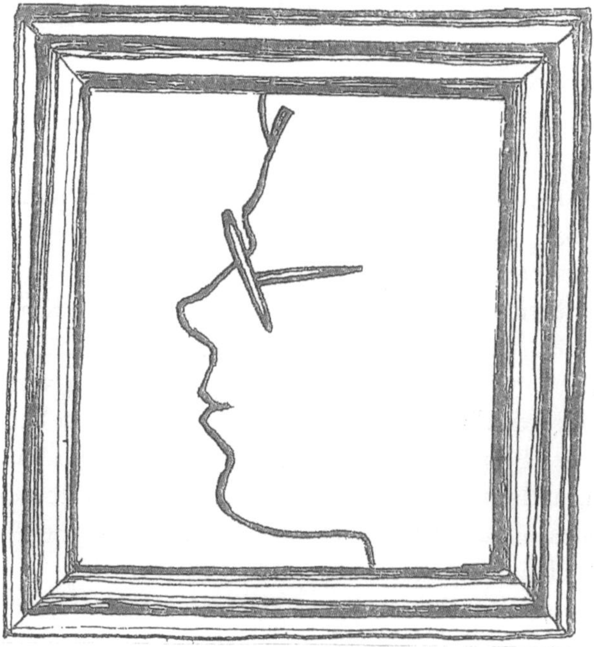

Lau 1979 let's go

Bis zu einer Fusion Mitte 1996, beschlossen durch die beiden übergeordneten Organisationen, führte er die Geschäftsstelle.

Lau war immer nervlich stabil. Dies bewies er als Geschäftsführer bei massiven Anfeindungen vom Vorstand und Beirat seiner technisch-wissenschaftlichen Gesellschaft. Es ging oft darum, dass er telefonisch nicht zu erreichen war, obwohl Johann Philipp Reis den Fernsprecher bereits 1861 erfunden hatte.

Damals gab es noch kein Handy. Autotelefone nützten in der Bahn und im Flugzeug auf seinen wöchentlichen Dienstreisen nichts.

Extrem beurteilten die alten Stalingradkämpfer, Marineleute mit scheußlichen Erlebnissen durch Minenräumungen und Leiter von amerikanischen Weltkonzernen.

Allen hielt Lau stand, was zum Teil von Professoren bewundert wurde.
Neider gab es immer, ob aus Fachhochschulen oder besonders aus Kleinfirmen, die seinen Job haben wollten, weil dort „Hire and Fire“ herrschte.

Er tröste sich innerlich damit, dass er in seiner Kindheit viel durchmachte. Es war die vierjährige Flucht im Treck ohne Vater mit Mutter und Bruder aus Königsberg/Ostpreußen vor Bomben und Tieffliegern, die über Schlesien/Breslau, Sachsen/Dresden mit Erleben der Bombennächte 13.-15.2.1945, Tschechoslowakei/Pilsen, Lausitz/Bernburg bis nach Berlin, zufällig Westberlin führte, Flüchtlingsausweis A30011/11716. Von den Tschechen bekam er eine Armbinde „Dutche“.

Manchmal schwebte er über den Wassern. Seine diversen Bücher, meist als Mitautor verfasst, ständige Informationen an Mitglieder und viele Zeitschriftenveröffentlichungen belegten seine schriftstellerischen Fähigkeiten.

Motto

Die für die Gesellschaft erfahrungsgemäß vorteilhaften Verallgemeinerungen waren:

- Gutes tun, weil es jedem auch widerfährt
- Angenehmes mit Nützlichem verbinden
- Fair sein
- Wahrheit setzt sich durch
- Leben in Organisationen,
  z.B. Zusammenarbeit mit Abkommen
- Geschäftssinn haben,
  z.B. fachliche Beratungen
  nach Neuheitsfaktoren
- Aktion und darüber reden, nicht Reaktion
- Printprodukten vertrauen,
  z.B. Informationen mit Wahrnehmung
  der Gegenwärtigkeit des Geschehens
- Nonverbale Kommunikation, Körpersprache,
  keep smiling und Zuhören ist wichtig
- Lehren und lebenslanges Lernen
- In digitaler Zeit ankommen,
  z.B. mit PC-Arbeitsrationalisierung
- Historie beachten
- Einsatz für Mensch, Technik, Medizin und Natur
- Sport, Hobby und Kunst nicht vernachlässigen

Ein innerer Coach von Lau bestimmte sein Outfit und das richtige Styling, z.B. ein Gang mit geradem Rücken, Hals lang, Füße nicht breitbeinig, aber vorteilhaft im Stand schräg zur Seite gestellt. Konventionen wurden selbstverständlich von ihm eingehalten, d.h. seriös, aber nicht langweilig, was eine nicht fade Krawatte ausmachte. Nach innerer Stimme mischte er sich manchmal ungefragt ein und löste schon mal prekäre Situationen, z.B. mit „jetzt gehen wir essen."

Sein Kredo war: „At the right time, at the right place", z.B. muss im Tagungsbüro ein freundlicher Empfang der Teilnehmer mit Aushändigung der Proceedings stattfinden.

Ein „check up" der Veranstaltungstechnik hat vorher zu erfolgen; auch die Raumtemperatur muss stimmen.

Die internationale Gesellschaft Micro Engineering

Die Gesellschaft von Lau als Geschäftsführer ist eine in den zwei über 100-Jahre alten europäisch größten technisch-wissenschaftlichen Mitgliederorganisationen. Die Hauptgeschäftsstellen befinden sich dort. Es gibt auch viele bedeutende regionale Geschäftsstellen. Besonders hat Berlin auch Dependancen. Ein Haus stand früher einmal neben dem Brandenburger Tor. Alle arbeiten auch in internationalen Organisationen. Hervorzuheben waren Initiativen für „Technical Lower Grade Secondary School" heutige Fachhochschulen oder „Technical Highschools" mit dem Rang einer Universität und Vergabe von Doktor-Titeln. Ein „Technology Centre Microelectronics and Physical Technology" wurde in Berlin 1978 von diesen großen Organisationen für Klein- und Mittelbetriebe gegründet.

International war die Gesellschaft wegen weltweiter Kooperationen, zuerst in Europa, dann zunehmend in Nord- und Südamerika und danach in Fernost, z.B. Singapur.

Lau mit seinen intensiven ausländischen Kontakten aufgrund seiner wegweisenden Fachtagungen drückten sich auch in persönlichen Gesprächen und Briefwechseln aus. Es gab sogar gegenseitige Einladungen aus Brasilien, der Schweiz, von Italien, Holland und aus England.

Die vielen internationalen Professoren, aber vorzugsweise alle Professoren deutscher Fachhochschulen und Universitäten, die das Gebiet Micro Engineering lehrten, hatten engen Kontakt zu Lau.

Anlass waren Einladungen zu Ad-hoc-Sitzungen und zu großen Veranstaltungen.

Beispielsweise besuchte Lau in einem Radtoururlaub an der Ostseeküste einen Rostocker Professor. Dieser war für alle immer sehr freundlich. Er gab dann viele gute Tipps für die Radtour, z.B. Fahrt durch die Darßt und mit dem Boot über die Bodden.

Micro Engineering

Die Mikrotechnik und Mikrostrukturtechnik mit integrierter Datenverarbeitung entwickelte sich rasant weiter aus bekannten – jetzt schon fünfzig Jahre alten - Technologien. Es sind Methoden, z.B. der Mikroelektronik, Mikromechanik und Mikooptik.

Physikalische, chemische und tribologische Eigenschaften der Basismaterialien und Oberflächen und von Bauelementen plus Mikrosysteme sind entscheidend für die Funktionalität.

Beispielsweise realisieren plasma- und ionengestützte Prozesse die Modifikation an Festkörpern. Nicht nur Halbleiter, sondern auch Metalle, Keramiken und Polymere werden so vergütet.

Mikrosensorik und Mikroaktorik sowie Optoelektronik/Displays sind heute wichtige Anwendungsbeispiele, besonders für die Automobil-, Umwelt-, Medizin-, Kommunikations- und Sicherheitstechnik.

Lau war dafür langjährig ein Organisator.

Eine Sonderaufgabe des Geschäftsführers:

Denk- und Ausbildungsschrift

Die erste Sonderaufgabe des Geschäftsführers war in seiner Probezeit neben der Vorbereitung zu seiner mündlichen Doktorprüfung und einer Eigenheimsuche.

Es war die Verfassung einer Denkschrift zu dem neuen meist unbekannten, jedoch an allen Technischen Hochschulen weltweit gelehrten Fachgebiet „Micro Engineering".

Hieraus entstanden dann auch eine Ausbildungsschrift und eine Fassung in Englisch.

Lau erhielt die neuesten Veröffentlichungen von namhaften Professoren als Ausgangsbasis.

Nach einem noch in Stichworten verfassten Vorentwurf beriet dann der Vorstand. Stichworte waren es, weil er ja noch in der Einarbeitungszeit bei rund 30 Ausschüssen und Unterausschüssen und Gesellschaftsgremien war.

Die Gesellschaft war gut durchstrukturiert mit Vorstand, Beirat, Ausschüssen, Veranstaltungsprogrammkomitees sowie Presse- und Auslandszusammenarbeit.

Die Einarbeitung fand hauptsächlich mit vielen Dienstreisen statt.

Erfahrungsgemäß ist ein Geschäftsführer schwach, wenn der Vorsitzende stark ist und umgekehrt ist bei einem schwachen Vorsitzenden ein Geschäftsführer stark.

Der 68-Jährige Vorgänger unterstützte Lau noch ein ganzes Jahr, so dass der Vorstand zu dieser Sonderaufgabe einer „Situationsanalyse" als Probearbeit riet.

Folgende Verabschiedungsurkunde entwarf Lau in folgender Form für die rheinische Frohnatur, welcher dann danach zu den Schlaraffen ging.

EHRENDIPLOM

Wir, die außerordentlich hohe Gemeinschaft
der Feinwerker,
fühlt sich in einem Augenblick wundermilder
Weichherzigkeit bemüßigt,
dem bislang nicht übelbeleumdeten

Ingenieur

auf Grund seines fruchtbarlichen Thuns
den Ehrentitel

Exzellenz der Oberfeinwerker

zu verleihen.

Indem wir nicht fehlgehen anzunehmen, daß die
Erhebung aus dem niederen Stande
zu höchsten Ehren Seine Freude haben und
Ihn zu steter Dankbarkeit dieser
Gemeinschaft gegenüber veranlassen möge,
beschließen wir, itziger Zeit
verordnete Direktoren der
Feinwerker-Gesellschaft, dieses, unser
Dekret, eigenhändig unterschrieben und mit
unserem gewöhnlichen Siegel bekräftigt.

Gegeben zu Bad Nauheim, den 1. Okt. 1979

Das Direktorium

Urkunde zur Verabschiedung des Vorgängers von Lau

Der Vorstand traf sich dann in der Geschäftsstelle, um die zukünftige Denkschrift zu beurteilen. Ein Vorstandsmitglied aus einem DAX-Unternehmen war schon mal sauer bei der Ankunft, weil er keinen Parkplatz fand und der Geschäftsführer für ihn nicht vorgesorgt hatte. Dieses Verhältnis blieb dann immer so.

Nun, auf der Sitzung wurde nach einer Graphik gesucht, die klar das Anliegen der Gesellschaft mit seinen Aufgaben zeigt.

Alle machten auf der Sitzung Skizzen. Einer, der noch aus der Mechanik kam, aber bereits nur noch Elektronikprodukte zum Schreiben und Rechnen weltweit herstellte, machte noch den Vorschlag eines Kreises mit aufgesetzten Nocken der Spezialgebiete. Dies fand keinen Anklang. Die zündende Idee kam von dem noch wütenden Ankömmling. Es waren die Kruppringe. Die Kruppringe als Logo des Konzerns sind so prägnant wie das Logo der Deutschen Bank. Dies steht für Geld im sicheren Kasten und der aufwärts zeigende Strich für eine Vermehrung.

Also, fortan entwickelten alle Sitzungsteilnehmer durch Ausfüllen der Kruppringe mit seinen zufällig zutreffenden Überschneidungen eine Aufgabenbeschreibung des Fachgebietes in Theorie und Praxis und als Gesellschaftsaufgabe.

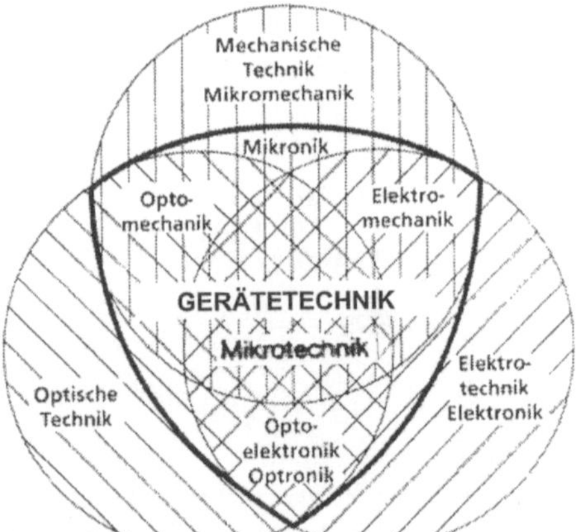

Die physikalischen Disziplinen Micro Engineering

Tiefgreifende fachliche Beschreibungen der Mikrotechnik und Leiterplattentechnik findet man von Lau aufgezeigt in den Lexika:

- Mess- und Automatisierungstechnik ISBN 3-18-400895-9
- Maschinenbau ISBN 3-18-401372-3

Später entwarf Lau eine Graphik für sein Aufgabengebiet.

Es enthält eine Diversifikation mit Leistungsmerkmalen für einen Nutzen aktueller Technologietrends und Synergien zu Produkten.

High-Tech-Branchen mit Technologiekenntnissen sind typische Domänen hochqualifizierter Spezialisten. Aber auch Erfahrungen für den „kommerziellen Teil“ muss man haben, d.h. technische Kreativität mit rentablen Geschäftsfeldern in Einklang bringen.

Dies ist von Lau in das Buch „Geschäftsfeldplanung“ (ISBN 3-478-91360-8) eingeflossen.

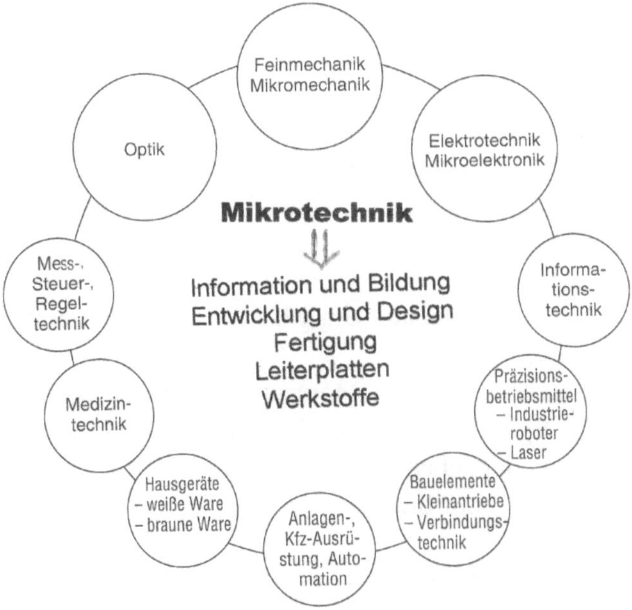

Das Aufgabengebiet des Geschäftsführers

Die fachliche Arbeit befasste sich mit der Gerätetechnik, die aus Elektronik, Mechanik, Optik und deren Mischgebieten bestand, wie Elektromechanik, Optoelektronik und später Mikrotechnik ebenfalls mit seinen Mischgebieten, insbesondere mit der Mikroelektronik.

Die Mitgliederzahl stieg in 17 Jahren von 1500 auf 12000. Eine Fusion, insbesondere durch die erfolgreiche Leiterplattenarbeit von Lau trug dazu bei.

Das Buch:

Ein Geschäftsführer der internationalen Gesellschaft Micro Engineering

Das allgemeine Leserziel kommt einem Vergleich mit von jedem eigenen beruflichen Begebenheiten nahe. Ein Interesse für die Leserschaft können somit nur kurze und klare Berichte wecken.

Für die Qualität der Informationen sollen Fakten und tatsächlich Erlebtes dienen. So entsteht vielleicht ein unterhaltsames persönliches Übertragen.

Es beruht meist auf Aussagen von international hochkarätigen Leuten aus Wissenschaft, Lehre, Forschung und Industriepraxis dieses Fachgebietes. Vielfach kommt aber auch Alltägliches vor.

Dieses autobiographisch geschriebene Buch von Lau sind Lebenserinnerungen, besonders aus seiner beruflichen Blütezeit der 80er- und 90er-Jahre.

Sie sind eine Vielzahl von Momenten, Augenblicken und eindrucksvollen Episoden. Diese werden nun ans Tagelicht gefördert.

Es entstand auf vielfachen Wunsch als Fortsetzung seiner Beschreibungen im Buch „Ein Student in der langen Sonnenallee“ ISBN 978-3-8372-2480-1.

Wie geht es also nach dem Studium weiter?

„Wer schreibt, der bleibt“, sagte mal eine Universitäts-Institutssekretärin zu den Assistenten für zu erstellenden Paperverfassungen.

Hier werden von Lau Erinnerungen eines beruflich längeren Zeitraums beschrieben. Lau war auch ein berufliches Kürzel und wurde schon mal verspottet als Lau, Lau, was auch manchmal zu seiner Person zutraf.

Dieses Buch ist manchmal respektlos und schonungslos frech. Wörter wie: aber, also u.a. kommen vor.

Aus der Erkenntnis heraus, dass Fotoalben – also nur Bilder – nicht vollständig eine Zeitepoche beschreiben können, ist es notwendig im wahrsten Sinne des Wortes diese zu beschreiben. Sogar Fachbücher beschreiben nicht vollständig fachliche Zusammenhänge, auch nicht mathematische. Worte dazwischen sind notwendig.

So hellen beispielsweise Anekdoten Sachverhalte auf. Vor allem ergibt sich daraus folgende Erkenntnis: Menschen stehen dahinter. Sie prägen alles von Mensch zu Mensch, auch aus der Praxis für die Praxis in der Technik genannt.

Es sind nicht nur die Bekannten Erfinder, Weisen und Nobelpreisträger. Meist viele Unbekannte, ja sogar viele Teams haben bedeutendes erdacht.

Oft werden die Hinter- und Beweggründe hier aufgeschrieben. Dies fand auch an merkwürdigen Zeiten und Orten statt. Lau war der Meinung, dass zwischen Tür und Angel ganz wichtige Entscheidungen fielen. Es geschah z.B. beim Einsteigen durch die Zugtür eines ICE auf gemeinsamen Dienstreisen mit Entscheidungsträgern.

Zu guter Letzt kann eine Fiktion der beschriebenen Buchgeschichten entstehen, d.h. sie können weitergesponnen werden. Beispielhaft soll genannt werden, dass ein Geschäftsführer zum Chefredakteur wechseln kann, was bei Lau sogar später zutraf.

Die Gesellschaftsarbeit

Internationale Kontakte

Der Generalsekretär der europäischen Vereinigung „Precision Engineering“

Lau hatte am Anfang einen besonderen Vorsitzenden in seiner Gesellschaft. Es war ein Professor mit dem Auftreten eines ehemaligen Marineoffiziers. Er liebte internationale meist persönliche Kontakte. Deshalb war er auch Gastprofessor in Indien/Madras und in China/Schanghai.

Sein besonderes Interesse bestand darin, alle Professoren des Fachgebietes „Precision Engineering“ im deutschsprachigen Ausland und europaweit zu regelmäßig alle zwei Jahre stattfindenden kostenlosen „Internationalen Kolloquien“ zusammenzuführen. Für Lau bedeutete es viel Arbeit, ohne eine finanzielle Aufwandsentschädigung zu erhalten. Er selbst hatte aber den Vorteil europäische Universitätsstädte inklusive Rahmenprogramme zu erleben, wo die Veranstaltungen auf Einladung stattfanden, z.B. London, Lausanne, Wien, Kopenhagen, Eindhoven und Sao Paulo.

Aus diesen internationalen Kontakten ergab sich dann die Zusammenarbeit mit den europäischen Fachvereinen in denen diese Professoren maßgeblich neben den Industrievertretern beteiligt waren. Weltweit reichten die Kontakte über Freundeskreise seiner übergeordneten Organisationen, z.B. nach Brasilien, USA usw.

Eine Sitzung in der EU-Zentrale Brüssel

Eine entscheidende Aktivität der europäischen Fachverbände unter der federführenden Ägide von Lau als Generalsekretär war ein Antrag bei der EU in Brüssel für den Erhalt von Fördermitteln zur Micro Engineering.

Praktisch wollten einige Professoren und Industrieleute ein internationales Institut dafür Gründen, in dem sie dann auch führende Aufgaben wahrnehmen konnten.

So fand dann eine Reise zur EU statt, die von einem Professor aus Kopenhagen über familiäre Beziehungen gefördert wurde.

Mit einem Nissan fuhr Lau von Düsseldorf gemeinsam mit einem Professor aus Wuppertal nach Brüssel. Nach kurzer Fahrt streikte der Nissan, so dass dann beide mit dem VW des Professors fuhren.

Am Sitzungsbeginn stellten sich alle Teilnehmer – davon ganz viele EU-Vertreter – in Englisch vor. Später kam der EU-Sitzungsleiter herein. Es war der Bruder von dem Kopenhagener.

So, beide Brüder kamen ursprünglich aus München. Der Sitzungsleiter hatte eine Schwedin geheiratet und war deshalb als Schwede bei der EU als „Geldverwalter“. Der Kopenhagener hatte eine Dänin geheiratet und war damit Däne.

Kurioserweise hatte Lau sich früher einmal aus seiner Siemensingenieurtätigkeit in Berlin auch in Kopenhagen bei einer Messtechnikfirma als Konstrukteur beworben. Lau kam sogar in die engere Wahl, nur wurde er durch einen anderen Mitbewerber von Siemens München hinten rangestellt. Dieser bekam die Stelle. Es war der Bruder des Schweden, der jetzige Däne. Er wechselte dann später von der Firma zur Universität Kopenhagen. So klein ist sogar die Welt.

Die Sitzung verlief fachlich sehr holprig, so dass nur geplaudert und gegessen wurde. Alles andere verlief im Sande oder ging es an Lau vorbei?

Im Gegensatz dazu hatte Lau schon mal eine erfolgreiche Institutsgründung bei einer Landesvertretung mitgefördert.

Auch bekam er ein Angebot zur Einrichtung eines Gründerzentrums und ebenso mehrere Offerten von Unternehmensberatern, z.B. von Mc Karney und Kleineren.

Lau stand ja unter „Leitende Männer und Frauen der Wirtschaft", Darmstadt bzw. „WHO'S WHO", Wien im Lexikonformat der renommierten Verlage.

Auf der Rückreise mit dem Wuppertaler Professor fuhren beide gerade zu auf ein parkendes Auto. Lau blieb geistesgegenwärtig nichts übrig, was er nur einmal im Leben machte. Er riss das Lenkrad vom Beifahrersitz aus rum, um einen Crash zu vermeiden.

Die Gesellschaft in den übergeordneten Organisationen

Die technisch-wissenschaftliche Gesellschaft von Lau gliederte sich in zwei übergeordnete Ingenieurzusammenschlüsse ein. Insgesamt sind alle technischen Disziplinen fachlich organisiert. Wegen der großen Vereinigungen besteht natürlich die Pflicht international aufzutreten, was Lau immer gern verfolgte. Es wurden technische Schriften zweisprachig in Deutsch und Englisch herausgegeben und Vorträge auf internationalen Kongressen simultan übersetzt.

So, nun zu den beiden Gesellschaftsträgern:

Lau stand mehrmals wechselnd in der Gunst dieser Beiden. Es hing jeweils mit deren Führungen zusammen. Diese Führungen, die mal aus der Industrie oder mal wieder aus der Lehre kamen, prägten schon sehr das Geschehen.

Für Lau waren es manchmal grenzwertige Ereignisse:

Einmal war es sein Gehalt. Er blieb lange Zeit beim Einstellungsgehalt stehen, aber natürlich mit jährlich tariflich angelehnten Erhöhungen. Dies trug zu seinem Unwohlsein bei, weil er ja auch amerikanische Kontakte hatte, die gleichwertig viel mehr verdienten. Es änderte sich jedoch in Deutschland zunehmend und Lau profitierte davon.

Ein anderes Mal war es seine technische Arbeit. Lau war ja sehr international eingestellt. Am Beispiel Batterien gab es großen Ärger, da er alle führenden Hersteller und Vertreiber vom Weltmarkt berücksichtigte. Wo blieb da der Standort Deutschland? Es musste sogar eine bereits veröffentlichte technische Schrift zurückgezogen und eingestampft werden.

Auch seine Protokollarbeit gefiel manchmal nicht jedem, da sie zu genau und sogar mit Sprechernamen versehen war.

Alles trug natürlich für Lau zur Suche nach beruflichen Alternativen bei.

Konkret gab es Angebote für eine Professur von zwei Fachhochschulen, von Unternehmensberatern und einem Gründerzentrum. Durch einen Lehrauftrag an einer Technischen Universität und durch überdurchschnittlich gute Erfolge in der Leiterplattentechnik und Mikrotechnik verflüchtigten sich diese Absichten.

Manche Anbieter wunderten sich darüber, die freundschaftlich zu Lau standen.

Hierbei bereute Lau es niemals, da ja später eine berufliche Weiterentwicklung schriftlich zum Chefredakteur stattfand.

Eine internationale private Einladung

Da mal ein Gastprofessor aus Brasilien in Wuppertal an einem Institut, an dem auch Lau einen Lehrauftrag hatte, mit Lau fast schon befreundet war, bahnten sich mit ihm auch viele berufliche Zusammenarbeiten an.

Diesen Professor und den Institutsleiter aus Wuppertal lud Lau privat in sein Reihenhaus ein. Dazu kamen auch ein Nachbarehepaar, er aus Bolivien und sie aus Italien. Beide waren in höheren industriellen Positionen im Stahlverkauf des Ruhrgebietes tätig. Ebenfalls wurde Lau's Vorgänger, die unterhaltsame rheinische Frohnatur eingeladen, welcher sich prächtig mit der Italienerin verstand.

Die damaligen China-Kontakte

Der damaliger umtriebige Vorsitzender der Gesellschaft bereiste auf Einladung manche der rd. 1000 chinesischen Universitäten in China. Als Reiseleiterin fungierte seine Tochter mit guten Sprachkenntnissen und Organisationstalent.

Der Geschäftsführer Lau teilte ihnen noch einige Kontaktadressen von internationalen Kongressteilnehmern aus China mit.

Beide begannen die Reise in Shanghai, wo schon immer Deutsche Firmen ansässig waren, worauf sich die Technischen Lehranstalten auch eingestellt hatten.

Geschenke gab es jede Menge, da die Gastgeber in Gastfreundschaft dies auch gerne machten. Seien es Papierusrollen mit chinesischen Schriftzeichen oder Produkte.

Neben Elektronikprodukten gab es sogar ein massives Fahrrad, das bis in die Geschäftsstelle gelangte. Es war ein sehr stabiles Fahrrad mit vielen Eisenteilen. Dazu brauchte man dort viele Stahlwerke, die es auch gab.

Das chinesische Volk fuhr damals noch hauptsächlich mit solchen Vehikeln auch als Transportmittel. Lastentransporte bis zu doppelt so großer Beladung sah man dort im täglichen Leben auf den Straßen.

Na ja, der meist unbeholfene Professor war mit seiner Tochter in guten Reiseführerhänden.

Chinesische Papyrusrolle

Sitzung mit einem Professor aus Wien

Dieser Professor fiel Lau als besonders professoral auf. Er verfolgte Ziele mit mathematischen Methoden, was bei Lau's neuen Vorsitzenden, der Mathematiker war, besonders gut ankam.

So wurden Lösungen logisch naturwissenschaftlich herbeigeführt, auch wenn es nur um Formulierungsthemen ging.

Also, die TU-Wien war somit ähnlich gelagert wie die TU-Berlin, deren Mikrotechnik-Professoren auch Aufgaben mit mathematischem Hintergrund lösten. Dies bewunderte Lau sehr.

Heute löst man so etwas mit digitalen Mitteln bis hin zur KI (künstlichen Intelligenz).

Internationale Korrespondenz

Auszug weltweiter Kontakte von Lau

Brasilien

ASSOCIAÇÃO TEUTO-BRASILEIRA DE ENGENHEIROS

PRESIDENTE

UNIVERSIDADE DE SÃO PAULO
ESCOLA DE ENGENHARIA DE SÃO CARLOS
AV. Dr. Carlos Botelho, 1.465 - Fones: 3693 e 4310
Caixas Postais: 359 e 378
SÃO CARLOS - Est. S. Paulo

SEL 257-A/82

REGISTRADA

USP

Em comemoração ao Cinquentenário da Universidade de São Paulo

I CONGRESSO DE MECÂNICA FINA
I FEIRA DE MECÂNICA FINA
X International Colloquium on Microengineering

MAKSOUD PLAZA — SÃO PAULO — BRASIL
17 a 21 DE SETEMBRO DE 1984

Maksoud Plaza - Al. Campinas, 150 - São Paulo - SP

ESPECÍFICA S/C LTDA. — ORGANIZAÇÃO DE CONGRESSOS
Rua Augusta, 2516 — 2º andar — cj. 22
CEP 01412 — São Paulo — SP — Brasil
Fone.: (011) 881-7388

TRANSPORTADORA OFICIAL / OFFICIAL CARRIER
V A R I G

PATROCÍNIO / SPONSORS

EESC-USP

DAAD — CNPq — CAPES — FINEP
SICCT — UNIDO — FIPEC — FAPESP

Diretor Superintendente

Carl Zeiss do Brasil Ltda.
Av. Nações Unidas, 21711 - Santo Amaro
Telex 11-22361 CZEI BR
Telefone (011) 524-4111 Pabx
04795 São Paulo - SP

PRIMEIRO CONSELHEIRO
ASSUNTOS CIENTÍFICOS E TECNOLÓGICOS

EMBAIXADA DA
REPÚBLICA FEDERAL DA ALEMANHA
C. P. 07.0752 - BRASÍLIA - DF

TEL.: 243-7466

China

USA, Japan, Westeuropa

EIPC
Hegenheimermattweg 65
CH-4123
CH-Allschwil
Tel. ++41 61 482 39 29
Fax ++41 61 482 39 10

IPC
2215 Sanders Road
Northbrook, Illinois
USA-60062-6135
Tel. ++1 708 509 97 00
Fax ++1 708 509 97 98

PCIF
Romano House
399-401 Strand
UK-London WC2R OLT
Tel. ++44 1 71 497 10 90
Fax ++44 1 71 497 35 94

IMF
Exeter House
48 Holloway Head
UK-Birmingham B1 1NQ
Tel. ++44 1 21 666 71 90
Fax ++44 1 21 666 63 16

JPCA
Kairo Kaikan 2F
12.2 Nishiogikita 3-chome
Japan-Suginami-ku
Tokyo 167
Tel. ++81 3 53 10 20 20
Fax ++81 3 53 10 20 21

FEI
Russel Square House
10-12 Russel Square
London WC18 5EE
Tel. ++44 1 71 331 20 00
Fax ++44 1 71 331 20 40

GFIE
13, rue Hamelin
75783 Paris Cedex 16
Tel. ++33 1 45 05 70 73
Fax ++33 1 45 05 72 16

Osteuropa

HUNGARIAN ELECTROTECHNICAL ASSOCIATION
UNGARISCHER ELEKTROTECHNISCHER VEREIN
ASSOCIATION ELECTROTECHNIQUE HONGROISE
ВЕНГЕРСКОЕ ЭЛЕКТРОТЕХНИЧЕСКОЕ ОБЩЕСТВО

Budapest, Kossuth Lajos tér 6–8.
H–1055

MŰSZAKI ÉS TERMÉSZETTUDOMÁNYI EGYESÜLETEK SZÖVETSÉGE
BUDAPEST
1372

BUDAPEST 85 II. -3

MAGYARORSZÁG 00800 FILLÉR

PRZEMYSŁOWY INSTYTUT ELEKTRONIKI Warszawa, 1986-05-14

Prof. dr inż. . . .

ul. Długa 44/50
00-241 Warszawa

Tel. 31-70-62
Telex: 813260 pie pl

POLITECHNIKA WARSZAWSKA

IKPPiO

INSTYTUT KONSTRUKCJI PRZYRZĄDÓW PRECYZYJNYCH I OPTYCZNYCH

02-525 Warszawa, ul. Chodkiewicza 8, tel. 49-03-92, 49-98-71 w. 237

S. Kaušinis
Aguonų 8-1
3005 Kaunas, Lith.

Die Geschäftsstellenarbeit

Der erste Arbeitsplatz

Die Geschäftsführung war ja nicht einfach und sehr vielfältig, da es durchstrukturierte Führungsgremien gab, wie Vorsitz, Vorstand, Beirat, Professorentreffen von Fachhochschulen und Universitäten sowie damals viele Fachausschüsse vorwiegend für die Technische Regelsetzung und meist daraus hervorgehenden Fachtagungen.

Nun zur Ausstattung des Arbeitsplatzes:

Da die Geschäftsstelle gerade aus einem modernen Großraumbürohaus in Einzelräumen umgebaut wurde, gab es für Lau kein Geschäftsführer-Büro mit Sekretariat.

Es war notdürftig ein kleines Besprechungszimmer neben dem großzügigen Treppenhaus mit rotem Teppich zur Direktionsetage.

Der Schreibtisch war ein Schreibmaschinentisch – viel zu niedrig. Der ältere Vorgänger mit damals 70 Jahren benutzte sporadisch zusammen mit der älteren Sekretärin einen Besprechungstisch.

Der neue junge große Geschäftsführer erhöhte den Schreibplatz erst mal mit herumliegenden langen scharfkantigen Bauteilen. Dies hatte zur Folge, dass er sich die für die neue Stelle angeschafften Schuhe seitlich aufritzte. Ein von ihm je nach Körpergröße erfundener „Schreibtisch-Toppy“ –Gebrauchsmuster DE-GM 8715302– kam erst später zum Einsatz. Der Schreibtischstuhl war ein ausgesessener Besprechungsraumstuhl.

Nach Reklamation besuchte der Direktor Lau und sagte: Ein Kissen tut es auch, um Durchblutungsstörungen in den Beinen zu vermeiden.

So begnügte sich Lau, der frisch auf Arbeitswissenschaft mit Ergonomiekenntnissen promoviert hatte.

Noch in der halbjährigen Probezeit

Lau musste auf Verlangen seines Vorsitzenden als erstes in Braunschweig den Professor aufsuchen, der ihm das Institut mit seinen Kollegen vorstellen wollte.

Lau erstaunte, weil der Professor erst nach 11:00 Uhr in der TU eintraf.

Nach kurzer allgemeiner Vorstellung ging es dann zum Mittagessen und danach wieder ins Institut mit namhaften weltbekannten Professoren. Einer war ein Enkel von Hermann Oberth, dt. Raketenforscher, der als erster die Weltraumfahrt wissenschaftlich behandelte und Wernher von Braun beeinflusste. Ein anderer hatte eine Honorarprofessur für Kraftfahrzeug-Mikroelektronik vom nahe gelegenen Volkswagenwerk.

Abends wurde Lau Braunschweig gezeigt und zum guten Essen eingeladen.

Beim Essen nahm Lau die Reisschüssel und schüttete sich den Reis auf den Teller, damit es praktisch und schneller ging. Dies gefiel dem feinen Professor von der früheren Kriegsmarine mit besonderem Auftreten gar nicht. Beim Essen lernt man ja die Manieren kennen.

Als beide dann so um 1:00 Uhr das Lokal verließen gab es noch einen Eklat. Das Auto des Professors war aufgebrochen worden und einiges demoliert. Die bereits eingetroffene Polizei beschwichtigte der Professor und stellte auch keine Anzeige.

Lau kam aber dadurch erst nach 2 Uhr ins Hotelbett. Er musste aber um 9:00 Uhr in Augsburg bei einem Vorstandsmitglied eines amerikanischen Weltkonzerns zur Vorstellung sein. Die Bahnfahrt dauert jedoch einige Stunden. Mit einem Lunchpaket als Frühstück ging es dann nach nur ca. 2 Stunden Schlafenszeit los.

Aufgrund dieser Begebenheit und durch die vielen Wünsche anderer Vorstands- und Beiratsmitglieder dachte nun Lau nach, um sich anderweitig z.B. in seiner Heimatstadt Berlin zu bewerben.

Schon als Doktorand liebäugelte er mit einer Professorenstelle an der Fachhochschule Berlin. Er hatte ja bereits 5 Jahre erfolgreiche Ingenieurtätigkeit bei Siemens und einen Ausschuss mit den Professoren dieser Fachhochschule geleitet.

Sie befürworteten sogar Lau für eine Professur. Doch Lau zögerte, weil er sich an einer Universität besser aufgehoben fühlte. Außerdem war er auch mit damals 35 Jahren noch relativ jung. Trotzdem beschloss er auf einer Bahnfahrt diesen Weg einzuschlagen, zumal er noch die Familie und ein Reihenhaus in Berlin hatte.

Dieser Traum nahm aber ein Ende. Seine Frau hatte schon das Haus an eine Kommilitonin ihres Studiums an der Freien Universität vermietet, was dann 8 Jahre bis zum Verkauf anhielt.

So blieb nun Lau 17 1/2 Jahre Geschäftsführer und insgesamt 25 Jahre beim gleichen Arbeitgeber, zuletzt zunächst als Mitchefredakteur.

Ein Tag im Geschäftsstellenbüro

Der Arbeitstag von Lau im Geschäftsstellenbüro, der ja wegen seiner insgesamt rd. 1000 Dienstreisen nicht die Regel war, begann folgendermaßen:

Als erstes wurde der Posteingang mit Hilfe der Sekretärin erledigt. Beide beantworteten immer prompt alle Briefe. Dabei viel schon mal einiges für den Papierkorb an, der abends immer voll war.

Danach ging es mit der Telefonarbeit weiter, um vieles persönlich zu managen. Dann wurde der Sekretärin diktiert, wobei sich beide sehr gut verstanden. Es waren neben technischen Texten auch lange Protokolle von den Sitzungen durch seine Mitschriften. Sie konnte perfekt Stenographie, obwohl Lau auch ein Diktiergerät hatte. Seine Sekretärin liebte aber viel mehr die persönliche Kommunikation. Sie war auch in Deutsch stilsicher. Lau musste schon mal für nicht geläufige Wörter in den Duden schauen, den er nicht scheute. Er ist ja maßgebend. Für Englisch gilt das Buch Langenscheidt Dictionary, später Leo im Internet für „World English“.

Oft gab es auch Hausinterne Sitzungen, die so genannten Montagssitzungen, auf denen jeder Geschäftsführer aus den verschiedenen Fachgebieten von seinen aktuellen Aktivitäten berichtete.

Lau deckte schon mal eine Falschaussage auf. Denn eine Prozentzahl von einer erfolgreichen Steigerung bezieht sich doch auf das „Wovon“.

Eine kleine Planzahl, z.B. von angestrebten Tagungsteilnehmern, ergibt bei geringer Überschreitung hohe Steigerungsprozente. Besser ist doch eine hohe anzustrebende Planzahl anzusetzen, damit Anreiz zur Erfüllung besteht. Also: Bei Vorkalkulationen sollte man Ziele angeben, die man erreichen will und nicht Planzahlen, die überschritten werden. Ein anderer muss doch Zielvorgaben machen und nicht jeder für sich selbst oder es sollte vorher Geplantes nach oben korrigiert werden.

Na ja, manche spielen sich eben als „Pfau“ auf, Lau war eben nur lau. Prozentuale Unterdeckungen sind für Lau dann bei nicht Erreichtem von Vorteil. Dies ist doch wohl einleuchtend, oder? Wo bleibt sonst der Erfolgsdruck?

Zum Tagesschluss geschah meist eine Redaktionsarbeit wie Druckerzeugnisse lektorieren, herstellen und vermarkten auch mit anderen hausinternen Abteilungen.

Eine wichtige Rolle spielte die Poststelle beispielsweise für die rechtzeitige Versendung unter anderem für termingebundene Proceedings von Tagungen und Kongressen.

Eine Geschäftsführersitzung in Frankfurt am Main

Monatlich fanden noch Sitzungen der Geschäftsführer von den übergeordneten Organisationen in Frankfurt/Main statt.

Eine Sitzung blieb bei Lau unvergessen. Generell ging es um Berichterstattung der jeweiligen Aktivitäten, also um agieren statt reagieren.

Lau bekam sich einmal kaum vor Lachen nicht mehr ein. Ein Kollege berichtete von seiner bevorstehenden Großveranstaltung, die er nur kurz beiwohnen wollte und prahlte damit sogar. Aber als Schluss sagte er: „Danach gehe ich dann in Rente“.

Andere steckte Lau mit seinem Lachen an. Viele Geschäftsführer hatten eine besondere Gabe witzig zu sein, was ja allgemein gut ankommt, jedoch manchmal nicht → der Klassenclown.

Der Vorgänger von Lau war ein ausgezeichneter Witziger und ein Poet. Dieser konnte schnell Gedichte schreiben, z.B. Limericks und verteilte sie auf Sitzungen.

Lau sollte als Nachfolger vom Personalchef bei der Einstellung verordnet auch so witzig sein. Es klappte aber nicht, denn vom Witzerzähler und seiner Mimik und Ausdruckskraft hängt das Ankommen bei Zuhörern ab, siehe erfolgreiche Clowns.

Lau wurde aber auch deshalb eingestellt, weil er ein guter Porträtzeichner war. Beispielsweise übergab er seinem Doktorvater als Dank für alles ein eingerahmtes Ölbild vom Gesicht des Professors. Dies entstand nicht durch Modellsitzen, sondern geheim von einem Foto. Das Foto war schwarz weiß. Der Professor freute sich, machte aber die Bemerkung, warum es nicht farbig sei.

Besondere Arbeitstage des Geschäftsführers

Ein Arbeitstag der Zweiminuten dauerte begann in Karlsruhe. Lau eröffnete eine wichtige große Seminarveranstaltung.

Ein Auftritt zur Hannover-Industriemesse war begleitet in einer Privatunterkunft nahe dem Messeeingang. Der Vorsitzende hatte kein Zimmer buchen können. Er schlief deshalb bei Lau und schnarchte die ganze Nacht. Es war sozusagen ein Arbeitstag rund um die Uhr.

Die Vorstandssitzungen

Nach dem Leitmotiv:

Nur wer selbstständig denkt, sogar zuerst nachdenkt, kann verantwortungsbewusst handeln, entscheiden, zuletzt anordnen und alles Weitere sichern. Von einem sehr engagierten Vorsitzenden fanden oft Vorstandssitzungen in einem kleinen Kreis von hochrangigen oft international auch in den USA tätigen Industriedirektoren und Professoren mit dem besten Ruf statt.

Manchmal war der Geschäftsführer Lau nicht in der Sitzung erwünscht, weil über ihn kritisch geredet werden sollte. Er wurde zum Telefonieren oder Kopieren herausgeschickt. Es sickerte aber zum Geschäftsführer durch, dass seine Stärken seine Schwächen überwogen.

Er hatte ja viele vorherige Ausbildungs- und Berufsstationen in der Industrie sowie in Forschung und Lehre hinter sich, so dass er das breite technisch-wissenschaftliche Tätigkeitsspektrum der Gesellschaft gut abdecken konnte. Seine Humanfaktoren -heute Soft Skills genannt- für Sitzungsleitungen stimmten auch.

Von einem Vorständler wurde die akribisch genaue Arbeit des Geschäftsführers hervorgehoben, die sich ausdrückte, dass z.B. immer alle Vortragsbücher zu den Fachtagungen pünktlich erstellt und vorhanden waren. Das rechtzeitige vorherige Einholen der Vortragsmanuskripte war keine leichte Aufgabe und erforderte ausgefallene lustige Tricks.

An internationalen Orten fanden die Vorstandssitzungen auch statt. Vorstandsmitglieder waren dies, wegen ihrer beruflichen Laufbahn, gewohnt.

Die Sitzungsorte in den benachbarten europäischen Ländern gingen auf Einladungen der dort tätigen Fachvertreter zurück, z.B. in der Schweiz, Niederlanden und Österreich, aber auch im Elsass und in England.

Die Kontakte auf Vorstandsebene zu den osteuropäischen Staaten wurden erst nach der Wende von einem Professor, der schon immer diese Kontakte hatte, intensiviert.

Wahlen in der Gesellschaft

Wahlen bedeuteten für Lau in der Geschäftsstelle immer viel Arbeitsaufwand. Es sollte ja demokratisch zugehen. Man hatte Angst vor „Pressure Groups“, die Lau in der Studienzeit an der Universität erlebte. Es geschieht so, dass auf einmal viele Leute denen etwas nicht passte durch die Reihen von Sitzungen und Veranstaltungen mit lauten Trillerpfeifen liefen und jede Diskussion unmöglich machten. Die Teilnehmer bekamen sogar Angst.

So, nun zu den Wahlvorbereitungen, welche für größere wichtige Gruppen, Vorstand bzw. Beirat und Fachbereichsführungen schriftlich waren. Auf den Wahlzetteln standen die Kandidaten. Sie mussten aber noch schriftlich den Wählern vorgestellt werden.

Eine Vita reichte nicht. Recherchen waren nötig. Couverts gab es nun mehrere in verschiedenen Größen, in denen der Wahlzettel zur geheimen Wahl verpackt und versandt wurde.

Damit es eine Wahl und nicht eine Abstimmung bedeutet ist es selbstverständlich, dass viele Kandidaten für Posten benannt werden müssen. Jedoch müssen alle fachlich und menschlich so gut sein, um alle in Frage kommen zu lassen.

Gewählt wurden von Mitgliedern meist die Bekanntesten, sei es in Firmen, an Hochschulen oder von Selbstständigen. Was macht man nun nach der Wahl, wenn mindestens die Hälfte aller guten Leute nicht gewählt war?

Für die Auszählung und Beobachtung gab es natürlich einen Wahlausschuss.

Lau als vermeintlich guter Geschäftsführer hatte die Idee, alle Fachleute wie gewählt zu behandeln und Beraterposten oder Vertreterposten, z.B. für DIN, Chronometrie, Nachrichtentechnik,

Mess- und Regeltechnik sowie Energietechnik einzurichten. So ging jede Wahl friedlich aus.

Was lernt man daraus?

Man kann ja gleich den Besten oder die Besten bestimmen, besonders für vorstehende Leiter. Wer ist aber der Beste? Diese individuelle Frage bleibt offen und kann nicht absolut beantwortet werden. Oligarchie statt Demokratie ist auch nicht die Lösung.

Im kleinen Kreis, wo auch ein Vorsitzender oder Leiter gewählt werden muss, z.B. Tagungsleiter bzw. Chairman oder Obmann war bei Lau problemlos. Der Engagierteste war es. Herzblut und Güte sowie „Demokratur“ war für die Aufgabe ausschlaggebend und dann auch erfolgreich (an Folgen reich). Schnell scharten sich Anhänger um ihn. Es ergab sich so ein harter Kern.

In Ausschusssitzungen mussten oft klare Ansagen erteilt werden, z.B. in Kann- und Mussfunktionen statt sollte, könnte, würde, hätte also Nullsätze.

Ein Personalvorschlag für eine Präsidentenwahl

Lau machte einmal während einer Kuratoriumssitzung an der er laut Satzung teilnehmen konnte einen gewagten Personalvorschlag für die anstehende Präsidentenwahl. Er schlug einen bekannten Vorstandsvorsitzenden eines DAX-Unternehmens mit dem Lau zusammengearbeitet hatte zur Wahl vor. Noch vor der Wahl hieß es aber, dass man solche Industrieleute nicht für einen wissenschaftlichen ehrenamtlichen Posten bekommen wird. Sie haben anderes zu tun. Dies vernahm Lau und zog schnell den Kopf ein. Es war ihm sogar peinlich, obwohl er zu solchen Leuten mehrmals Kontakt hatte. Sein direkter Hausnachbar mit besonderem physisch-mentalen Machtauftreten war auch so einer.

Anteil an Erfolgs- und Karriereförderung durch den Geschäftsführer

Beispielhaft werden hier einige hervorstechende Förderungen erwähnt. Besonders profilierte sich ein von Lau bekannter Universitätsassistent, der nach seiner Promotion mit einer guten weltbekannten Erfindung im Micro Engineering zuerst von einem internationalen Konzern eine Firma zur Produktion dieser Technik bekam.

Danach strebte diese Koryphäe nun auch ein international bekannter Ingenieur mehr an. Er wollte neben einer Professur auch ein Institut für sein erfundenes Mikroverfahren aufbauen. Dazu wurde Lau in ein Landesministerium als Referenzgeber eingeladen.

Er unterstützte es natürlich gerne, um Millionenbeträge für das Institut zu erhalten. Die führenden dann eingestellten Mitarbeiter machten auch große Karrieren, meist als Professoren und Institutsleiter namhafter Universitäten.

Ein anderes Beispiel war die dienstliche Förderung einer Person, die sich besonders durch die Leitungen großer Tagungen in der Mikrotechnik mit fachlicher Zusammenlegung von Themen, welche Lau organisatorisch durchführte, einen Namen in der Branche machte. Er stieg als Firmenleiter einer großen Produktionsstätte im damalig geförderten Zonenrandgebiet ein.

Ehrungen durch die Gesellschaft

Lau verlieh gern und viele Ehrungen an verdiente Leiter. Goldmedaillen an Gesellschaftsführungen und sogar an deren Stellvertreter waren obligatorisch. Die aus purem Gold bestehenden Auszeichnungen kosteten damals 3000 DM. Die Ehrungsurkunden enthielten Würdigungen in schönen Worten verfasst.

Des Weiteren gab es viele große Bronzeplaketten für sehr aktive fachlich zuarbeitende Persönlichkeiten. Die Arbeiten bezogen sich meistens auf erfolgreiche Veranstaltungen sowie auf einschlägige Veröffentlichungen.

Immer legte Lau großen Wert darauf, dass es vor der Verleihung im großen Kreis vorher der Auszuzeichnende nichts von der Ehrung erfuhr. Dies steigerte die Freude und Verwunderung. Auch Beifall bestätigte die Achtung. Es waren sehr schöne Momente in der Geschäftsführer- und Gesellschaftsarbeit.Alle Ehrungen gingen chronologisch im Gesamtverzeichnis der übergeordneten Organisationen ein.

Eine außergewöhnliche Ehrung wollte Lau in die Wege leiten. Es sollte ein jüdischer großer Film- und Fernsehproduzent - den Lau aus familiären Gründen gut kannte – für seine Elektrotechniken/ Mikroelektronik, wie Beleuchtungen, Hightec-Special-Effects, Science-Fiction und Animationen geehrt werden. Damit hoffte Lau auf ein Vordringen der Gesellschaft in das aktuelle Film- und Fernsehwesen. Leider endete es so, dass Lau vom Sekretär des zu ehrenden Milliardärs für das Nichtzustandekommen getröstet werden musste.

Übrigens: Die erste Auszeichnung dieser europaweit größten Ingenieurorganisationen erhielt ein Professor nach dem ein Bau der TU Dresden benannt wurde. Außerdem gibt es in vielen Städten Straßen mit diesem Namen, z.B. in Zürich.

Kurios: Ein Unternehmensberater aus dieser Familie arbeitete viele Jahre eng mit Lau zusammen. So entstand auch die erste internationale Fachtagung zur Mikrotechnik 1989, wo der Fortschritt von der Mikroelektronik mit Miniaturisierung im Mikrometerbereich zur Mikrostrukturtechnik und später zur Mikrosystemtechnik geboren worden war.

Absage von Ehrungskandidaten

Diese Story wird hier beschrieben, weil sie viele öffentliche Preisvergaben betrifft. Eine unliebsame Aufgabe war es für Lau.

Nun der Reihe nach:

Lau war dieser hochdotierte Auszeichnungsvorgang von Anfang an gefühlsmäßig unangenehm. Der Namenspreis entstand auf Vorschlag eines Vorsitzenden nach einer bahn brechenden Habilitation zur Mikrotechnik in den 30er-Jahren. Die Habilitation befasste sich mit der Abtrennung von den bis dahin immer gelehrten Maschinenelementen im Maschinenbaustudium. Es ging zu besonderen Bauelementen in die Richtung fein und elektrisch mit neuen Gesetzen. Es gab ja auch bei Siemens bereits Mechaniker-, Feinmechaniker- und Elektromechaniker-Ausbildungen. Lau erfuhr und lernte es selbst bei Siemens. Deshalb wurden nun auch an Technischen Hochschulen diese Fachrichtungen mit neuem Curriculum eingeführt.

Jetzt, der Vorsitzende wollte sein Lehrstuhlgeld spenden, um seinen Doktorvater unvergessen zu machen. Nach dem Aufruf zum Spenden, machten viele Firmenchefs mit, weil sie auch ihren Doktortitel von dem zu ehrenden Professor verdankten. Die Spenden hatten sogar hohe Beträge.

Aus den Zinserträgen des Gesamtkapitals stammt nun die Dotierung in regelmäßigen Abständen.

Lau musste auch Spenden, wollte es aber nicht vom Privatgeld mit einem hohen Betrag, was schon mal nicht gut ankam.

So, nun zu dem Finden der Kandidaten. Dazu wurde öffentlich aufgerufen und in Sitzungen geworben. Dies stieß schon mal auf Widerspruch mit der Bemerkung: Wir gackern nicht vorher, bevor das Ei gelegt ist.

Andere sagten auf Sitzungen: Wir haben viele gute Leute zur Nominierung, werden sie aber nicht vorschlagen, weil die Arbeiten noch geheim sind. Es ist also alles eine Gefühlssache, die Lau von Anfang an erkannte.

Es gingen bei Lau doch noch viele Ehrungsvorschläge ein. Lau und ein Ehrungsgremium mussten einen Kandidaten finden, was schon auf persönliche, subjektive Meinung beruht.

Ein ausgewählter Kandidat hatte wirklich eine ausgezeichnete Expertise im mikrosystemtechnischen 3-D-Bereich. Für das komplette 3-D-Konstruktionssystem der Computergrafik und für „CIM“ bzw. Digitaltechnik unter Verwendung der flinken, flexiblen „Space-Mouse“, dem einzigen am internationalen Markt etablierten 3-D-Peripheriegerät mit 6 Freiheitsgraden. Es steuert damit auch „CAD/CAM-Systeme“.

Lau meldete den Ausgewählten an die Oberen, die schon öfters Auszeichnungen bestätigten. Jetzt folgt die unangenehme Aufgabe der Absage, der vielen anderen Vorgeschlagenen. Lau hatte dafür einen unglücklichen Brief verfasst, weil er allen den Ehrungskandidaten mitteilte. Er dachte, es kommt ja sowieso raus. Dies stellte sich als ein fataler Fehler heraus und war ein Missgeschick, denn alle Briefempfänger waren empört, dass sie es nicht wurden. Sogar von Namensverwechselung sprach man, da zwei den gleichen Namen trugen.

In einer Gesellschaftssitzung bekam dies Lau massiv, bitter zu hören. Er hatte aber Glück, da ein Sitzungsteilnehmer Lau entlastete. Dieser Professor als ein Hochschulgründer machte den Vorschlag, die Auszeichnungsarbeiten aller Einreicher in einer Fachzeitschrift zu veröffentlichen. Ein anwesender Chefredakteur griff dies freundlicherweise auf und so herrschte wieder frieden. Einen eleganteren Brief mit diesem Angebot sendete daraufhin Lau an die Nichtgeehrten nach.

Als Anmerkung: Bei der Ehrung und der umfassenden Demonstration der Eingabe wurde sogar dem ausgewählten nichtakademischen Ingenieur ein Doktortitel - von einer namhaften Universität aus der Stadt wo er herkam - angeboten.

Fauxpas vom Geschäftsführer

Ein turnusmäßig aus der Industrie kommender neuer Vorsitzender, so dachte Lau ist ein Glücksfall, weil dieser den gleichen

Ausbildungsweg hatte wie er. Zwei mal studiert und bei dem gleichen Professor in Berlin promoviert. Er promovierte aber aus einem Industriekonzern heraus. Der Doktorvater versprach sich davon Forschungsaufträge zu erhalten, die nie eintraten.

Dieses Denken von Lau war nicht gut. Es kam bei dem Vorsitzenden nicht gut an. Es gilt wohl auch allgemein so. Noch dazu ließ Lau mal in einer größeren Vorstandsrunde frech fallen, dass alle ihre Aufgabe haben, wie ein Zahnrad in einem Getriebe. Denken darf man es, aber nicht sagen. Natürlich war es ein Fauxpas, da bei Industrieleuten dort ein Vorgesetztendenken in Hierarchien vorherrscht. Mimosenhaft von Lau ausgedrückt: Jeder denkt an sich, keiner denkt an mich!

Kontakte zu Redaktionen

Lau's erster Kontakt war mit dem Chefredakteur eines Verlages in München später auch in Berlin. Die Organschaft mit Vertrieb von Veröffentlichungen der Gesellschaft lag in München. Der Chefredakteur der Fachzeitschrift hatte auch einen Beiratssitz. Die Fachzeitschrift, in der auch immer die Mitgliederinformationen abgedruckt wurden, änderte sich auch durch den technischen Wandel zum Micro Engineering.

Da später Klagen über die Redaktionssinnverfehlungen der Mitgliederinformationen aufkamen, musste ein neuer Verlag gesucht werden. Noch vorher handelte man zu ungunsten von Lau die finanziellen Änderungen aus.

Der neue Verlag hielt auch nicht lange durch. Es ging dann alles zu einem modernen zeitgemäßen Themenverlag mit Ankündigungen von News und getrennten Mitgliederinformationen.

Die Entwicklung der Gesellschaft

Lau als Geschäftsführer vollbrachte in seiner siebzehnjährigen Amtszeit folgende Entwicklungen der Gesellschaft:

Die Gesellschaft war eine technisch-wissenschaftliche Organisation. Sie lebte von Mitgliedern, Firmen aber besonders von einer Gemeinschaftsarbeit mit dem menschlichen Bedürfnis des Erfahrungsaustausches durch Reden und Schreiben.

Konkret sind das die Menschen aus der Lehre meist von Universitäten und Fachhochschulen jedoch auch von Technikerschulen und anderen Lehrkörpern.

Die zweite Seite der Personenherkunft kommt aus Klein-, Mittel- (KMU) und Großunternehmen zunächst aus dem deutschsprachigen Raum. Zunehmend aber auch von Unternehmen mit weltweiten Verflechtungen. Die Tigerstaaten aus Asien spielten neben Amerika eine große Rolle. Also, nur einen untergeordneten Beitrag zur Finanzierung der Gesellschaftsarbeit hatten die Mitgliedsbeiträge.

Anfangs seit der Gründung der Gesellschaft 1976 hatte sie 1500 Mitglieder, die Lau zu 12000 Mitglieder in den 90er-Jahren führte – auch mit einer Fusion.

Besonders seriöse Mitgliederinformationen mit interessanten News wurden wohl in Firmen und Hochschulen herumgereicht, d.h. durch Multiplikatoren verbreitet. Alles führte zu technischen Wandlungen. Kurz gesagt von der Mikromechanik zur Mikroelektronik bis hin zum Micro Engineering. Dabei trat die Digitalisierung mit der notwendigen Software und Hartware hervor.

Es lebte beispielsweise die „Leiterplattentechnik“ auf. Diesen Begriff hatte Lau mitgeprägt, denn vorher gab es nur „Gedruckte Schaltungen“ nach DIN oder „Printed Bords“ international.

Die mikromechanische Seite der Gesellschaftsthemen wurde immer verteidigt, z.B. heute mit internationalen Workshops zu „Gasbearings“ (Luftlager). Ein Vorläuferdokument dazu hatte Lau maßgeblich in den 80er-Jahren herausgegeben; jetzt natürlich wegen technischer Überholung zurückgezogen.

Damals hatte man noch deutsche Literaturquellen aus den 30er-Jahren angezogen, also Überlieferungen älterer Professoren.

Umsetzung von Vorhaben

Lau erkannte schnell, dass neben offizieller Kommunikation meist von Vortragenden es auch Querkanäle der Kommunikation gibt. Er wunderte sich manchmal, warum vieles nur vor einem offiziellen großen Publikum angesprochen wurde, bestimmt wegen Profilierungssucht und Bühne. Verlautbarungen hätten doch vorher schon mal im kleinen Kreis vor wichtigen To-Do-Menschen, wie dem Geschäftsführer mitgeteilt werden können.

Also, vor jeder Hauptbühne gibt es auch Nebenschauplätze, die aber nicht so Öffentlichkeitswirksam sind.

Ganze Organisationen wie Vorstände, Beiräte, Fachbereichsleitungen und Ausschussleiter kann man so in Richtungen lenken.

Wichtig für Lau sind Vernetzungen zu erkennen und die Eigeninteressen und menschlichen Impulse zu entschlüsseln. Nicht nur formale Informationen, auch informelle Kommunikation ist wichtig. Wahrheiten finden abseits statt und helfen Haken und Ösen auszuräumen. Schlüsselleute und Hauptakteure im Kommunikationsgeflecht erkannte Lau schnell.

Von rein formaler Auftragskommunikation hielt er nicht viel. Quellen, die informell waren, sind ihm wichtig gewesen. Auch die nicht wichtig angehörten Nebenakteure nahm er ernst. Prozesse brauchen das Bild zu der gesamten Person, dachte er.

Von einem, der zu einem Sitzungsort nicht den Weg fand oder von einem, der einen Parkplatz nicht fand und deshalb eine persönliche Hinführung forderte, waren Blüten.

Nie war Lau ein Bedenkenträger, Zweifler oder Nörgler, sondern stets ein Förderer und Inspirator. Meist herrschte Flexibilität in seinen Ansichten vor. Ingenieure sind sowieso keine Ideologen. Nach Idealen und Kreativität fragte er. Taten statt Worte und Spaß am Gestalten und Verändern also Wandel war bei ihm angesagt.

Nukleus vieler Innovationen war die Gesellschaft

Ursprünglich gab es drei Arbeitsbereiche dieser Gesellschaft.

Es waren:	Konstruktion / Entwicklung
	Fertigung
	Werkstoffe

Diese Bereiche spiegeln sich auch in Technischen Schriften bis heute wider.

Daraus entstanden auch die größten Fachkongresse der übergeordneten technisch-wissenschaftlichen Organisationen.

Es sind:

Kunststoffe im Automobil	mit rd. 1000 Teilnehmern
Textiltechnik im Automobil	mit rd. 500 Teilnehmern
Mikroelektronik im Automobil	mit rd. 2000 Teilnehmern
Leiterplattentechnik	mit rd. 1000 Teilnehmern

durch Zusammenlegung der Themen:
Leiterplatten-Fertigung, -Bestückung und -Test

Für die Gesellschaft von Lau blieb nach anfänglicher Mitgestaltung der Mikroelektronik im Automobil alleinverantwortlich die Leiterplattentechnik bis hin zu einem international gemeinschaftlichen

Weltkongress Leiterplatte mit rd.3000 Teilnehmern.

Diese Erfolge beruhten vor allem auf die Verlegung der Arbeitsschwerpunkte weg von den drei oben genannten zu den neuen Bereichen

Mikroelektronik
Mikromechanik
Mikrooptik

Micro Engineering in den neunziger und zwanziger Jahren

Lau gab anlässlich eines Pressegesprächs Mitte der 80er-Jahre ein wichtiges Statement als Geschäftsführer zum Micro Engineering mit folgendem Inhalt:

Eine ganzheitliche Betrachtung der Produkte ist von der produktorientierten Gesellschaft durchgeführt worden, um das zukünftige Spektrum der Warensegmente und Technologien zu ermitteln. Intensionen für die Gesellschaftsarbeit folgen daraus!

Folgende Selektionskriterien und Randbedingungen sind dabei von großer Bedeutung:

1. Hohe Affinität zu Technischen Schriften, Fachtagungen und Mitgliederinfos
2. Breiter Anwendungsbereich der Warensegmente und Technologien in den Branchen, d.h. hohe Produktionswerte bzw. Stückzahlen
3. Hoher Veredelungsanteil, z.B. Präzisionsfertigung und Serienfertigung
4. Produkte im Schnittfeld: Mikroelektronik, Mikromechanik und Mikrooptik
5. Randbedingungen:
   - wachstumsträchtige Bereiche
   - hohe Ertragskraft der Warensegmente
   - Stabilität der Technologie
   - vorwiegend geringer Ressourcenbedarf, z.B. geringer Werkstoffbedarf, geringe Umweltbelastung
   - hohe Beschäftigtenzahl in der mittelständischen Industrie
   - hohe Exportquoten

Es treten nun nachstehende Produkte und Technologien hervor:

- Faser- und Laseroptik

Seit einigen Jahren bahnt sich ein Umbruch mit 30% Wachstum in der Kabelindustrie durch die Faseroptik an. Im nächsten Jahrzehnt werden die bisher elektrischen Übertragungsimpulse, z.B. in der Kommunikation, Automatisierung, Konsumelektronik und Datenverarbeitung durch optische Signale ersetzt.

Diese Technik wird sich auch auf die integriert-optischen und optoelektronischen Bauelemente (z.B. Optokoppler und Wandler) für den Aufbau von Netzen auswirken.

- Aufbausysteme für die Mikroelektronik

Sie gibt es dann für die Büro- und Informationstechnik sowie für die Datenverarbeitung. Hierzu gehören u.a. Geräteaufbauten in Standardbauweisen, Einschubsysteme, die Leiterplattentechnik sowie die Dickschichttechnik.

Die Bauelemente der Mikroelektronik mit einem hohen Anteil allein der integrierten Schaltkreise (IC), die in den Markt der Elektronikprodukte eingehen haben schon in der Fünfergruppe

Maschinenbau,
Kfz-Industrie,
Elektrotechnik
Mechanik / Optik / Medizin,
Büro- und Datenverarbeitung

einen hohen Produktionswert.

- Endeinrichtungen für die Kommunikationstechnik

Beispielhaft stehen dafür Empfangs- und Sendeantennen, Fernsehen, Telefon- Ein- und Ausgabegeräte und Datenspeicher.

- Sensoren

Der Sensor steht über eine informationsverarbeitende Zentraleinheit mit der Aktorik elektronisch oder lichtoptisch in Verbindung. Aufgrund der großen Fülle von Sensorarten ergeben sich zukünftig diverse neue Sensoranwendungen. Es ist zu erwarten, dass der Einsatz von Mikrostrukturtechnologien die Herstellung besonders preisgünstiger Sensoren für Hausgeräte und für die Automatisierung erlaubt.

- Präzisionsbetriebsmittel

Bei diesen Betriebsmitteln treten die Industrieroboter, die Automatisierung und Handhabung in der Mikrotechnik hervor.

- Elektrizitätsumwandlung, -Erzeugung und Energiespeicher

Dabei spielen in der Mikrotechnik Schrittmotoren, Linearantriebe, Schwingmagnete, Solartechnik, Batterien, Spezialleuchten usw. eine große Rolle.

Die mikrotechnischen Produkte bzw. Komponenten als Warensegmente ermittelt, können nun nach Grundtechnologien (physikalische Disziplinen) oder nach Branchen zusammengefasst werden.

Die zum Teil von Komponenten ausgehende Produktbetrachtung – zusammengefasst in Warensegmenten – führt über den weiteren Schritt einer Quantifizierung aufgrund der Branchenwerte zu einer aktuellen Definition der Mikrotechnik mit folgenden Fachgebieten:

Mikromechanik
Mikrooptik
Mikroelektronik
Medizintechnik
Präzisionsbetriebsmittelbau
Kraftfahrzeugausrüstung usw.

Die querschnittsorientierte Tätigkeitsbetrachtung bei den branchenbezogenen Produkten, z.B. der Forschung, dem Entwickeln, Produzieren und Testen wird zukünftig nicht von der Gesellschaftsarbeit vernachlässigt.

Wendeaktivitäten des Geschäftsführers

Nach dem Mauerfall am 9. November 1989 wurden schnell Aktivitäten in Richtung Wiedervereinigung von dieser technisch-wissenschaftlichen Gesellschaft durch Zusammenführung von Personen besonders aus den Hochschulen und Universitäten, aber auch von Firmen, z.B. der Leiterplattenbranche, realisiert.

Im Beirat und in den Ausschüssen waren sehr viele neue meist im Ostblock international hoch angesehene Professoren aus Rostock, Ilmenau, Dresden, Ostberlin und Chemnitz (damals noch Karl-Marx-Stadt) aufgenommen worden.

Konkret drückte es sich in Veranstaltungsplanungen aus:

Leiterpatten-Tagung in Ostberlin 1991
Internationales Kolloquium in Ilmenau 1991
Mikrotechnik-Tagung in Chemnitz 1992

Eine besondere einmalige Begebenheit ergab sich durch einen abendlichen Besuch in einem Vereinshaus von ehemaligen DDR-Größen, die gerne zur Jagt in Thüringen gingen.

Lau war von der umfangreichen Bibliothek beeindruckt und stöberte darin. Er dachte dabei, dass diese Bücher nie von Bestand bleiben werden. Deshalb notierte er sich z.B. interessante Stellen aus den Büchern, eins mit dem Titel „Berlin 1945-1986“: Frontstadt Westberlin im kalten Krieg und der Imperialismus gegen den Sozialismus wurde schon in den 50er-Jahren entlarvt: Subversion, Wirtschaftskrieg und Revanchismus waren es.

Weiterhin wurden auch Ausschüsse neu durch hervorragende ehemalige DDR-Fachleute besetzt. Denn die DDR war führend in der Feingerätetechnik, besonders in der Optik durch den Standort

Jena mit Zeiss. Zeiss in Oberkochen war ja nur ein Ableger von Jena.

Im Westen war der Raum Wetzlar insbesondere durch Leitz und rundherum durch viele andere Firmen ein führender Standort bis heute. Für die internationale Astronautik wird viel in Deutschland produziert.

Personelle Entlastung des Geschäftsführers

Der Geschäftsführer war eigentlich permanent von seiner Manpower her überlastet.

Er hat ja grundsätzlich für zwei übergeordnete Organisationen gearbeitet. Es betraf die Kleinarbeit der Redaktion, Ausschüsse und Veranstaltungen, die er neben den Gesellschaftsaufgaben zu meistern hatte. Trotzdem war sein Schreibtisch immer leer, weil es ja Schubladen gab. Lau nahm sich aber andere Abteilungen und die Verwaltung zu Hilfe. Es waren für die Herstellung von Veröffentlichungen fähige Designer und Graphiker.

Für Mitgliederinformationen stellte er später nebenberuflich eine Ghostwriterin an. In der Buchhaltung gab es zwei gute kaufmännische Angestellte. Das Personalbüro und der Personalchef halfen auch. Zum Glück hatte er bei den Direktoren freie Hand, d.h. er hatte sogar Prokura, was später begrenzt wurde. Die Pressestelle und Poststelle sorgten auch für Unterstützung. Der Versand z.B. von Tagungshandbüchern gelang reibungslos.

Wenig Unterstützung hatte Lau von seinen ehrenamtlich Tätigen, denn alle Protokolle schrieb er. Sogar die Berichte aus den Fachbereichen machte er und entlastete von Anfang an die Fachbereichsleiter entgegen der Geschäftsordnung. Dem Vorsitzenden erstellte er Redemappen nach den Tagungsordnungspunkten.

Das später eingeführte Schreibbüro war für Adressenbeschaffung und Computerarbeiten sehr von Vorteil. Eine dort tätige Dame konnte für ihr Engagement nur sehr gelobt werden.

Kalkulationen des Geschäftsführers

Vorkalkulationen machte Lau für das ganze Jahr. Sie beruhten auf Erfahrungswerte und Durchschnittswerte von Kosten und Erlösen, z.B. der Dienstreisen, Druckkosten, Bürokosten und Teilnehmergebühren aufgrund von Veranstaltungskalkulationen sowie Publikationseinnahmen.

Beispielsweise sind Leporellos kostengünstiger als geheftete Einladungen. Manchmal ist aber Sparen nicht wirtschaftlich gedacht, denn einen Werbefaktor kann man nicht messen. Er trägt jedoch zum Erfolg bei.

Ein „Lügenzettel" hieß die monatliche Stundenabrechnung für alle Aktivitäten, weil man sie damals ohne EDV nicht genau erfassen konnte. Manipuliert hatte Lau aber nie den Zettel, um bei den Gemeinkosten besser wegzukommen.

Richtigkeit währt doch am längsten! Jedoch ist eine minütliche Abrechnung auch übertrieben. Dies ist auch vergleichbar mit der Abrechnung von der genauen Kopienanzahl am allgemeinen Kopierer, dass später eingestellt wurde.

Budgetplanung des Geschäftsführers

Bei den Budgetplanungen hatte ein anderer Geschäftsführer immer einen hohen Überschuss. Er wurde deshalb auch sehr gelobt, sogar mit Bonuszahlungen belohnt. Lau ärgerte sich natürlich, dass er nicht so einer war und dachte an einen „Selbstbedienungsladen" was da abläuft. Vorgaben gelten doch!

Woran lag es wohl, fragte Lau sich. Es lag an der Cleverness des anderen Geschäftsführers, indem er aufwendige Veröffentlichungsarbeiten sogar an Lau abgab. Auch beteiligte er sich oft nicht an die Gemeinkosten. Er stellte z.B. Druckerzeugnisse wie Tagungsberichte in Eigenregie her. Durch teure Buchverschenkungen auf Messen, die nicht so gut verkäuflich waren, steigerte er seinen Zuspruch zur Mitgliedschaft u.v.a.m.

Das Ende des exklusiven Geschäftsführers kam später, erst als sein Förderer gegangen war.

Lau verschenkte schon mal technisch-geschichtliche Bücher in geringer Anzahl zu Weihnachten an ausgewählte verdiente Beiratsmitglieder. Sie freuten sich sehr.

Ein teures Buch nur für einen Verdienten erweckte auch Freude. Er fragte aber, woher das Buch kommt. Lau konnte ruhigen Gewissens antworten. Es war ein von ihm nebenberuflich lektoriertes Freiexemplar.

Rechnungsprüfungen

Lau musste oft Rechnungen von Druckern, Bewirtungen und anderen Veranstaltungsbeteiligten prüfen und zur Begleichung an die zentrale Buchhaltung weiterleiten. Diese Abteilung wurde von Wirtschaftsprüfern penibel begutachtet.

Es war also eine verantwortungsvolle Aufgabe, besonders dem Finanzamt gegenüber, wegen der Gemeinnützigkeit.

Bei Druckerzeugnissen ging es um den Steuersatz. Bei Bewirtungen um die Anzahl und Qualität. So hatte jede Rechnung eine Besonderheit, die nicht lax bearbeitet werden durfte. Außerdem spielten Kollegen vom Fach und mit Wissen von der Betriebswirtschaft dabei eine große Rolle.

Lau nahm diese Aufgabe gern an.

Er hatte ja an der Freien Universität Berlin ein kaufmännisches Studium begonnen, aber wegen der 68er-Zeit abgebrochen.

Der Rektor der Freien Universität Berlin (Dahlem) gab Lau den Zulassungsbescheid Nr. 0855 am 11.3.1969 zum Studium im Hauptfach Betriebswirtschaft.

Einen Abschluss machte Lau dann danach am Institut für technische Weiterbildung Berlin e.V. mit zwei Semestern 1969 und 1970 in Betriebswirtschaft für Ingenieure.

Er erhielt die Ausbildung von Hochschullehrern in folgenden Fächern:

- Allgemeine Betriebswirtschaftslehre
- Menschenführung
- Führungsmethoden
- Allgemeine Volkswirtschaftslehre
- Rechnungswesen

Also ist er auch neben diplomierter und promovierter Ingenieur auch Betriebswirt.

Subjektives Werturteil für Entscheidungen

Um beispielsweise Kosten verursachende Veröffentlichungen wie Bücher für eine Genehmigung zu bewerten, ging Lau stets nach einer Bewertungsmatrix vor. Sie war von „Metzger, H.“ Schrifttum 30 aus seiner Dissertation, welche auch als „Handbuch technischer Arbeitshilfen“ ISBN 3-18-400465-1 erschien. Es ist eine neue Methode der Entscheidungsfindung für eine zukunftsorientierte Auswahl.

Die im folgenden Bild dargestellte Matrix zeigt die Vorgehensweise mit Merkmalen:

B	Merkmale der Humanbelange	Merkmal-Nummer wie - B - 1. 1.	2.	3.	4.	5.	6.	7.	8.	9.	2. 1.	2.	3.	4.	5.	6.	Quer-summe	Prioritäts-ziffer
1.1	Muskelbelastung		1	1	0	1	0	1	0	0	0	0	0	0	0	0	4	1
1.2	Körperhaltung	1		2	1	2	1	2	1	1	0	0	1	1	0	0	13	2
1.3	Sehen	1	0			2	0	1	0	0	1	0	1	0	0	0	6	1
1.4	Beleuchtung	2	1				1	2	1	1	1	0	1	1	0	0	15	3
1.5	Lärm	1	0	0				1	0	0	0	1	0	1	0	0	4	1
1.6	Klima	2	1	2	1				1	1	1	2	1	1	0	0	17	3
1.7	Vibration	1	0	1	0	1				0	0	0	1	1	0	0	5	1
1.8	gefährl. Stoffe	2	1	2	1	2	1			1	1	1	0	1	0	0	15	3
1.9	Luftverunreinigung	2	1	2	1	2	1	2	1		0	0	1	1	0	0	14	2
2.1	Sensumotorik	2	2	1	1	2	1	2	1	2		1	2	1	0	0	18	3
2.2	Konzentration	2	2	2	2	1	0	2	1	2	1		2	0	0	0	17	3
2.3	Behinderung	2	1	1	1	2	1	1	2	1	0	0		1	0	0	13	2
2.4	Wohlbefinden	2	1	2	1	1	1	1	1	1	1	2	1		0	0	15	3
2.5	Unfallgefährdung	2	2	2	2	2	2	2	2	2	2	2	2	2		2	28	4
2.6	Gesundheitsgefährdg.	2	2	2	2	2	2	2	2	2	2	2	2	2	2		28	4

quantitativ (1.1–1.9) · qualitativ (2.1–2.6) · Bewertungspunkte (beispielshaft)

Methode zum Finden der Bewertungspunkte:
- 2 : 0 ≙ 1. Merkmal wichtiger als 2. Merkmal
- 1 : 1 ≙ 1. " gleich wichtig wie 2. "
- 0 : 2 ≙ 1. " weniger wichtig als 2. "

Matrix zur Bewertung der Humanbelange für technische Arbeitshilfen

Quersummen-Stufung	Prioritätsziffern
0 Punkte	0 : Merkmal besitzt keine Bedeutung,
1 – 7 Punkte	1 : Merkmal ist nicht wichtig,
8 – 14 Punkte	2 : Merkmal ist wichtig,
15 – 21 Punkte	3 : Merkmal ist sehr wichtig,
21 – 28 Punkte	4 : Merkmal ist unbedingt zu erfüllen.

Prioritätsziffern aus den Quersummen der Bewertungspunkte

Es wird so jedes Merkmal zu jedem anderen Merkmal bewertet, im Grunde gewichtet, wobei nicht außer Acht gelassen werden darf, dass es sich um ein subjektives Werturteil handelt. Lau hat natürlich auch andere unabhängige Personen mit einbezogen. Sonst hätten leicht Meinungen entstehen können, die an der Realität vorbeigehen.

Die Quersummen aller Bewertungspunkte der Merkmale drückt die Bedeutung der Merkmale zueinander aus.

Für die planerische Umsetzung werden aus den Quersummen Prioritätsziffern nach inhaltlicher Rangordnung ermittelt.

Merkmale können z.B. für eine Buchveröffentlichung sein:

- Redaktionskosten
- Lektoratskosten
- Herstellkosten
- Vermarktungskosten etc.

Diese generelle Vorgehensweise kann im konkreten Fall noch mit weiteren Untermerkmalen betrachtet werden.
Alles lässt sich mit der EDV grafisch und rechnerisch darstellen.

Untermerkmale für die Redaktionskosten können sein:

- Visualisierung
- Formelanzahl
- Bilderanzahl
- Tabellenanzahl etc.

Für Textformulierungen gilt:

- Leserlichkeit, z.B. Layout
- Lesbarkeit, z.B. Sprachniveau
- Individuelles, z.B. Interesse und Motivation wecken

Kurz gesagt: Stilsünden vermeiden!

Interessant ist dafür auch eine
„Checkliste für das Messen der Verständlichkeit von Texten“,
die Lau sich entwickelte:

- Zählen der Wörter aus einem fortlaufenden Text	W = __
- Zählen der Sätze	S = __
- Zählen der Wörter, die mehr als 6 Buchstaben haben: lange Wörter	lW= __
- Berechnen der durchschnittlichen Satzlänge SL = Anzahl der Wörter W geteilt durch Anzahl der Sätze S	SL= __
- Berechnen des Prozentsatzes langer Wörter LW= (lange Wörter lW geteilt durch Gesamtzahl der Wörter W multipliziert mit 100)	LW= __
- Addieren: SL plus LW = Verständlichkeit	V = __

So folgen Verständlichkeitswerte V von Texten:

20 - 30 sehr leicht (Kinderbuchstil)
31 - 40 leicht
41 - 50 mittel (gut)
51 - 60 schwierig
über 60 sehr schwierig

Ein Beispiel der Textverständlichkeit V:
Berechnung der Textschwierigkeit des ersten Abschnittes

$W = 56$

$S = 4$

$lW = 21$

$SL = 56/4 = 14$

$LW = 21/56 \times 100 = 37$

$V = SL + LW = 14 + 37 = 51$

Ergebnis für V mit 51 ist:
Es folgt daraus ein ganz gering schwierig zu lesender Text.

Anekdötchen des Geschäftsführers

Die Mittagspause

Über viele Jahre war es für alle Mitarbeiter üblich, das Bürohaus in der Mittagspause zu verlassen. Zum einen dauerte die Pause sehr lang und zum anderen wurde in der Kantine schnell gegessen. Außerdem fielen Lau auf diesen Wegen oft gute Arbeitsideen ein. Seine erste internationale Tagung „Mikrotechnik 1989“ entstand so, insbesondere mit dem holländischen Verein „Microtec“ und Unternehmensberatern.

Sogar den Personalchef traf Lau mittags im nahe gelegenen Park. Diese Spaziergänge fanden auch manchmal mit den Teilnehmern von Ausschusssitzungen statt. Es bewirkte, den Kopf von der meist anstrengenden fachlichen Arbeit frei zu bekommen. Jedoch wurde auf den Spaziergängen nur gefachsimpelt, was aber an der frischen Luft mit Bewegung erholsam war.

Einige Kollegen des Geschäftsführers liefen mit allen Mitarbeitern oft zu einer Einkaufsstraße zum Eis essen oder im Stehen Kaffee trinken.

Außerdienstliche Treffen

Für einen Abend hatte Lau mit seinem Vorgänger eine Einladung bei einer 41-jährigen Vertretungssekretärin, welche übergangsweise aus dem Vorstand eines DAX-Konzerns im Ruhrgebiet kam. Sie hatte sich mit einer anderen Vorstandssekretärin überworfen und ging deshalb fort.

Die Einladung fand in ihrer interessanten Eigentumswohnung im Giebel eines Jugendstilhauses mit einem Spagettiessen „al Carborrenada“ statt.

Die Sauce war so mächtig, dass allen der Schweiß ausbrach. Noch verstärkt durch die witzigen Bemerkungen des rheinischen Vorgängers, kriegten sich alle vor Lachen nicht mehr ein.

Eine andere Begebenheit war ein Besuch der Rheinkirmes mit dieser Sekretärin und wieder mit dem älteren Vorgänger. Alle fuhren mit einer Walzerbahn, die früher Lau gern mochte. Aber diesmal waren ja alle älter geworden. Lau saß außen an einer Geländerstange. Sie drückte ihn durch die Fliehkraft so in den Oberschenkel, dass er einen großen Bluterguss davon trug.

Im Jahr 1990

Zur Kammer der Technik der DDR hatte Lau noch über das Haus des Handels in der Berliner Friedrichstraße wegen der geplanten „Leiterplattentagung 1991“ Kontakt.

Die Tagung fand durch Zuweisung in einem DDR-Ministerium der „Stasi“ statt. Dort gab es einseitig undurchsichtige Beobachtungsscheiben für den damaligen Minister.

Ein Vorsitzender der Gesellschaft saß mit Lau auf der Tagung zufällig zu einem sehr heiklen Gespräch zusammen. Der Vorsitzende wollte eigentlich sich Ostberlin ansehen. Stattdessen sagte Lau ihm, dass er ein „Leisetreter“ sei.

Dies machte ihn als Leiter von mehreren großen Werken eines Weltkonzerns sehr zornig. Man hatte es ihm aber auch von seinen Oberen schon mal gesagt. Er rechtfertigte sich nun damit, dass er schon viele Leute entlassen hat. So etwas war zu der Zeit sehr angesagt, womit sich auch Personalchefs brüsteten.

Die Kartonagenfabrik

Unternehmer gibt es in vielen Familien. So gab es in der Familie von Lau auch einen großen schwäbischen Kartonagenfabrikanten. Er hatte wegen Zündungen seiner Produktionsmaschinen sogar mit Robert Bosch, durch einen Dankbrief belegt, persönlichen Kontakt bis hin zu einem Besuch. Diese Firmengründer waren im gleichen Alter.

Lau empfahl die Kartonagenfabrik für süddeutsche Leiterplattenfirmen. Die Antwort war darauf: „An jeder Ecke gibt es Verpackungsfirmen."

Lau nutzte von den Familienmitgliedern in seiner Zeit als Geschäftsführer das in der Ostalb liegende nun wunderschöne Ferienhaus, was vorher der Wohnsitz des Buchbinder- und Buchdruckerfabrikanten war.

Später hatte Lau selbst ein „L's Sommerhuis" in Holland an der Nordsee.

Mikrotechnische Erfindungen von aktiven Gesellschaftsmitgliedern

Ohne Personen und Produkte zu nennen, aber die Techniken hervorzuheben, ist es schon wichtig dies anzureißen.

Lau erlebte Personen, die hunderte Erfindungen in Großfirmen zur Mikrotechnik für neuartige Produkte anmeldeten.

Übrigens: Lau hatte ebenfalls diverse Patente in seiner früheren Industrietätigkeit im Großkonzern angemeldet, insbesondere für die Einführung von Kunststoffbaugruppen mit der Wertanalyse.

Diese Produkte mit ihren Mikrotechniken brauchte man weltweit, besonders in der heutigen Digitalisierung.

Lau traf die Personen auf Sitzungen, internationalen Tagungen, Verlagen und fuhr manchmal mit ihnen im Taxi oder in großen Limousinen. Zum Schluss dieser Industriekarrieren, auch deshalb, dass sie nie reich dadurch wurden, führten oft Ihre Wege in Technische Hochschulen. Dort machten sie wieder viele wichtige Veröffentlichungen und stiegen sogar in der Universitätshierarchie auf.

Auf den internationalen Kongressen waren diese Erfinder immer die Vorzeigepersönlichkeiten dieser Mikrotechniken. In der fachlichen Gesellschaft spielten sie eine große Rolle.

Neben den „Namenlosen“, also allgemein nicht bekannten Wissenschaftlern z.B. für Tempomat, Mauttaxsystem in Österreich, Druckermikrosystemtechnik gab es aber auch hoch geehrte öffentlich bekannte Personen, z.B. der Rechentechnik und von anderen Techniken.

Lau erhielt schon mal im Vorbeigehen gute Arbeitstipps von ihnen wie: „machen statt reden“; ähnlich dem Spruch der Schwaben, die ja auch „Kniebele“ sind: „nicht schwätzle, sondern schaffle“. Aus Norddeutschland stammt: Moin Moin – Nicht lang schnacken, anpacken.

Idee: Teller von der Papierrolle

Da man beim Essen am meisten Zeit einsparen kann, kam Lau auf die Idee nicht mehr von Porzellantellern zu frühstücken oder auf Pausen bei Autofahrten ohne Tellerunterlage zu essen. Es genügen doch abreißbare Papierteller von der Rolle.

Geschirr muss man aus der Küchenzeile herausnehmen und nach dem Essen in die Spülmaschine einsortieren. Von dort wieder herausholen und meist in oberen oder unteren Küchenschrankfächern fein säuberlich rein stellen. Alles ist zeitaufwendig, umständlich und unbequem.

Eine Papierrolle, die wie die Küchenpapierrolle senkrecht im Ständer steht oder an der Wandhalterung griffbereit angebracht ist, bedeutet einfache schnelle Handhabung. Dies auch als lose Rollen z.B. im Auto auf Dienstreisen. Beim Fast Food ist es so ähnlich, wo weltweit von Papier gegessen wird.

Dies hatte Lau nun mehreren Vertreibern, also Non-Food-Regalbetreibern von Supermärkten und auch Papierwarenherstellern angeboten. Alle fanden die Idee sehr gut, aber zur Vermarktung kam es nie.

Dieses dekorative Tischaccessoire mit Fettstopp ist doch qualitativ preiswert herstellbar.

So begnügte sich Lau weiterhin dann mit Blättern von der Küchenpapierrolle auf Autofahrten.

Noch zuletzt:

Die frühere Idee von Lau einer „Klappleiter“ für den Wandschrank in Wohnungen wurde schon längst umgesetzt. Seine Idee des Dosenaufsammelns in Tüten geschieht heute mit der gelben Tonne.

Dienstreisen mit dem Auto

Inspiriert und animiert kaufte sich Lau in den 80er-Jahren den größten BMW, den es gab. Viele führende Industrieleute fuhren ebenfalls diesen „Bullemann“.

Das kuriose auf Autobahnfahrten war, dass man hohe Geschwindigkeiten nicht merkte. 200 km/h war normale Tachometeranzeige, zumal damals die Autobahnen noch relativ frei waren und es nur wenige Geschwindigkeitsbeschränkungen gab. Mit 50 km/h hatte man ein Aussteigegefühl.

Eine Dienstreise zum Vorsitzenden nach Süddeutschland wurde an einem Tag erledigt. Allerdings, war zwar dieses Auto das Beste was Lau je hatte, jedoch hielt es nicht lange durch. Gern hätte er es auch noch als Old- oder Youngtimer gefahren, aber die Autos mit viel Elektronik eignen sich nicht besonders dazu.

Ein Präsident der Dachorganisation

Lau war mal Mitveranstalter einer Ad-Hoc-Gesprächsrunde der TU-Berlin noch aufgrund seiner Doktorarbeitsthemen.

Die Veranstaltung fand in einem Konzernverwaltungsgebäude statt. Dort trat mit einem Vortrag ein angesehener Professor aus Süddeutschland auf.

Dieser Professor war sehr bekannt, nicht zuletzt, weil er viele Führungspositionen in technischen Vereinen, Verbänden und Forschungseinrichtungen innehatte.

An diesem Vortragstag hatte er natürlich auch andere Veranstaltungstermine. Er ließ es sich aber nicht nehmen, alle Termine wahrzunehmen.

Leider waren seine gefragten Auftritte nicht an einem Ort in Deutschland. So musste er während des Tages mit dem Flugzeug die Orte wechseln.

Da Lau als guter Autofahrer mit großem Wagen bekannt war, fiel auf ihn die Aufgabe, schnell den Professor zum Flughafen zu fahren. Lau unterhielt den Professor mit Aussichten auf das große Konzerngelände mit einmaligen Versuchsfeldern und Produktionsstätten der Hochspannungstechnik.

Die Fahrt blieb deshalb in Erinnerung, da dieser Professor später vehement für eine Konkurrenzgesellschaft entschied.

Toilettenbegebenheiten

In einer großen Basismaterialfirma der Leiterplattenbranche war mal eine Ausschusssitzung. Zufällig fand auch eine Aufsichtsratssitzung dort statt.

Auf der Toilette traf Lau einen bekannten Politiker, der dem Aufsichtsrat angehörte. Als dieser zum WC ging, war es von besonderem „Schmackes". Lau fand es sehr beeindruckend, dass solche Leute sogar auf der Toilette Führungsauftreten haben.

In London traf Lau auf einer Flughafentoilette Peter Ustinov zufällig. Auch dort machte er lustige Bemerkungen. Seine ganze Ausstrahlung hatte eine Note der Freundlichkeit.

Ein anderes Mal, sprach Lau einen Direktor auf der Toilette an, mit dem er viel zu tun hatte und sie sich gut kannten. Lau dankte dem Direktor für sein wohlwollendes Verhalten der Gesellschaft gegenüber. Sehr persönlich führte das Gespräch auf Ferienhäuser,

weil viele in solchen Positionen solche haben, sogar in Kanada über die sie gern berichteten.
Dieser Direktor verneinte es, aber gestand, dass seine Tochter eins im Ausland habe und er dort auch Urlaub mache.

Politische Anekdoten

Nach der Wende 1989 begann in der Leiterplattenbranche der Kampf um den Standort Deutschland an zu bröckeln.

Großfirmen gaben als Inhouse-Leiterplattenproduzenten die Leiterplattenabteilungen auf, um in den südostasiatischen Tigerstaaten Leiterplatten billiger einzukaufen.

Eine Leiterplattenfirma im Zonenrandgebiet, die von der Regierung finanziell bis 1990 gefördert wurde, schloss bald. Der Technische Leiter, der für Lau außerordentlich aktiv war, wurde von Russland angeworben. Er landete dann in Moskau.

Ein anderer machte Messgeräte für Bodenproben und verkaufte sie nach Russland. Ein tolles Geschäft, aber plötzlich fielen die Bezahlungen weg. Das Ergebnis war, dass er eine Sekretärin von dort heiratete, weil sie gerne nach Deutschland mit ihrem Kind wollte.

Die Ausschussarbeit

Tätigkeit: ***Kommunikation und Aufschreiben***
Ergebnisse: ***Veröffentlichungen***

Allgemeines

Die wichtigsten Ausschüsse werden hier beschrieben. Die Ausschüsse unterliegen einem Fachbereichsleiter der Gesellschaft. Die Fachbereiche werden vom Vorstand geleitet. Der Vorstand ist im eigentlichen Sinne der engere Beirat. Ein Vorsitzender steht über allen Gliederungen der Gesellschaft. Ein hauptamtlicher Ausführender der Geschäfte ist der Geschäftsführer.

Das Büro des Geschäftsführers mit einem Sekretariat befindet sich in der Hauptgeschäftsstelle der übergeordneten Organisationen, wobei die beiden in unterschiedlichen Städten ansässig sind.

Ein Zugriff besteht auf alle abwicklungstechnischen Bereiche, wie Pressestelle, Design, Herstellung, Druckerei, Versand, Vertrieb, Buchhaltung, Personalabteilung usw.

Die Ausschussarbeit mit normalerweise 10 bis 20 Teilnehmern aus Lehre, Wissenschaft, Forschung, Verwaltung und Industrie erarbeitet Veröffentlichungen wie Bücher, technisch-wissenschaftliche Regeln und aktuelle Paper als abgestimmte Vorentwürfe, Entwürfe meist mit öffentlichen Einspruchsmöglichkeiten und Enddrucken.

Bei den technischen Regeln gab es Unterausschüsse, Kritiker- und Redaktionsausschüsse. So entstanden Hilfen aus der Praxis für die Praxis als wissenschaftliche Grundlagenwerke.

Oft münden die Ergebnisse der Besprechungen zusammen mit dem Geschäftsführer in eine Findung von Tagungsthemen und der Bildung von Programmausschüssen.

Ausschusssitzungen für technische Regeln

Meist gab es ein vorabendliches treffen, wenn der Sitzungsort für den Großteil der Teilnehmer nicht morgens zu erreichen war. Die Wahl der Sitzungsorte ging immer in Firmen, Hochschulen oder Organisationen reihum. Firmen luden gern ein und spendierten Essen und Equipment.

Am nächsten Morgen ging es gleich fachlich zur Sache, denn alles Menschliche und Privates hatte man ja schon am Vorabend besprochen. Normal war es, dass die Ergebnisse von der letzten Sitzung oft wieder zerrissen wurden. Besonders Diskussionen über könnte, sollte. müsste als Punkte bei bestimmten Sachverhalten.

Es taten sich Wortführer hervor. Lau hatte dann schon mal den Einfall eine Druckfahne vorab als Vorentwurf herstellen zu lassen, um damit zu verhindern, dass wieder alles von neuem anfängt.

Es nützte aber nichts und die Herstellungsabteilung war verärgert wegen zweimaliger Satzkosten. Der Spruch „nicht an der Druckerschwärze sparen“ hob die Kritik an den Arbeitsaufwand nicht auf.

So, nun nach meist zweitätigen Beratungen, Formulierungen, Einwänden usw. mit zwischenzeitlichen vielen Essen – in Württemberg mit leckeren Brezeln – ging es dem Sitzungsende zu.

Also, am 1. Sitzungstag abends gab es regelmäßig noch einen Höhepunkt im gemeinschaftlichen Beisammensein. Gutes üppiges Essen war selbstverständlich, wobei sich Lau gern zu Gourmets setzte. Jedoch ging es dann ins alkoholische Trinken über. Es wurde ja von den Einladern bezahlt. Noch danach, spielte der harte Kern sogar noch lange Skat mit vielem Zigarettenkonsum.

Üblich war es, am Sitzungsende des zweiten Tages, den Termin und Ort für die nächste Sitzung zu finden. Viele Teilnehmer wollten aber den ICE eine Stunde früher bekommen, weshalb hier Hektik entstand, den Lau meistern musste. Manche waren schon weg und bekamen es dann schriftlich mit dem immer von Lau geschriebenem Protokoll nachgereicht.

Können und Wissen für die Ausschüsse

Beim Hand geben zur Begrüßung und Verabschiedung traf Lau auf feingliedrige, grobe, bewegliche, schwere lange/schmale und kurze/breite Formen.

Sie heißen nach ihren Eigenschaften elementare, motorische, sensible oder seelisch-psychische Hände.

Deutungen lassen sich daraus schließen, gehen aber in Richtung Astrologie und sind damit nicht wissenschaftlich.

Ein Handschlag in 3 Sekunden ist jedoch schon von Bedeutung, wenn er weich, kalt, heiß, kräftig, schlaff ist und mit einem Schütteln, Ranziehen und Zudrücken verbunden ist.

Die Handschrift, wissenschaftlich Graphologie erregte bei Lau Aufmerksamkeit, besonders bei Industrial Designern.

Ganzheitliche Erfassung sowie Einzelmerkmale verlangen nach methodischer Wissenschaft mit festen Regeln, die von G. W. Leibniz und J. W. von Goethe bestätigt sind. Ein Selbstbildnis ist schon die Unterschrift.

Oh, welche Weisheit und Erkenntnis.
Darüber hatte Lau oft gestaunt, was so alles von vielen Ausschussmitgliedern zu Papier gebracht wurde.

Es waren Leute, die sich Lau genauer ansah.
Meist mit der Gesichtsphysiognomie (Gesichtslesekunst, Face Facts) über
statische Merkmale, wie Gesichtsformen, Gesichtsmerkmale der Augenbrauen, Augen, dem Mund usw.
Der „Goldene Schnitt" der

AEB-Streckenteilung von Abständen nach
0,618 x AB = AE (A - E - B)

spielt dabei schon mal eine Rolle.

Dynamische Merkmale deuten auf:

Alles, was der Mensch tut, hat eine Ursache oder einen Hintergrund. Beispiele sind hierbei: Gehabe, Blick, Hände- und Armbewegungen, wie man sitzt etc.

Ein Geschäftsführer muss also für die Leitung von Ausschusssitzungen noch vieles mehr können.

Außerschulischen Themen sind dies: z.B. verständliche Texte formulieren und das Layout von Texten, schnelles Lesen und Verstehen, perspektivisches Skizzieren von Techniken sowie lebenslanges Lernen und Lehren.

Textformulierungen können gelungen, überzeugend oder nichts sagend sein. Die Visualisierung von Texten entsteht durch „Scribbeln“, auch mit Textauszeichnungen und Stilmittel.

Dadurch entsteht die visuelle Form der Sprache, um sie verständlich, lesbar und verstehbar zu machen.

Das Zeichnen geschieht mit Methoden für die Grundstrukturen durch:

Konturenskizze, Schattierungen und Texturen z.B. für Glas, Flüssigkeiten u.a.

Beispiele dafür sind eine Kugel, ein Zylinder, einen Kegel oder Quader perspektivisch zu zeichnen.

Das Kommunikationsmittel Reden, Schreiben und die glaubhafte nonverbale Körpersprache mit Gestik und Mimik entscheiden für das Verstanden werden. 90% wirkt durch Auftreten und Äußerlichkeiten und nur 10% durch den Inhalt für eine starke Überzeugungskraft.

Das Zuhören mit einem Achten auf die Körpersprache ohne zu bewerten ist ganz aktiv Ohr sein. Also oh und ach als Hörer sagen, damit Wertschätzung und auch durch Blickkontakt gute Zusammenarbeit entsteht.

Dies alles hat Lau in zwei Handbüchern als eigener Herausgeber beschrieben.

Die Fachausschüsse

Gliederung und Struktur

Die sieben Fachbereiche der Gesellschaft Micro Engineering mit ihren 33 Fachausschüssen unter dem Management von Lau sind in einem Bild dargestellt.

Es gibt außerdem so eine anschauliche Gelegenheit zur ehrenamtlichen Mitarbeit. Eine vertiefte Wissensschöpfung ist damit für alle verbunden.

Information und Bildung
- Öffentlichkeitsarbeit
- Arbeitskreis Fachhochschulprofessoren
- Arbeitskreis Universitätsprofessoren
- Dokumentation und Begriffsbestimmungen

Qualitätsmanagement u. Integrierte Methodensysteme (Q.I.M.)
- Methodeneinsatz in der Mikrotechnik, QFD, FMEA,...
- Tools in Produktentwicklung, Fertigung und Marketing
- T.Q.M. in der Mikrotechnik
- Qualität und Prozess-Management

Methoden der Produktentwicklung
- Entwicklungsmethodik
- Feinwerkelemente
- Elektr. Geräte- und Stellantriebe
- Gerätetechnik
- Metallische Werkstoffe
- Recycling feinwerkt. Geräte und recyclinggerechte Konstruktion
- Industrial Design

Mikrotechnik
- Maskentechnik
- Integrierte Optik
- Optoelektronische Bauelemente
- Elektronische und optische Verbindungstechnik
- Mikrosystemtechnik
- Werkstoffe der Mikrotechnik

Technologie und Fertigungsverfahren
- Fertigungsverfahren
- Automatisierung und Montagetechnik
- Großserienfertigung

Leiterplattentechnik
- Vorlagenerstellung/ Elektronik-Design
- Leiterplattenfertigung
- Leiterplattenbestükkung
- Leiterplattenbaugruppenprüfung
- Hybridtechnik

Medizinische Technik
- Instandhaltung in der Medizintechnik
- Benutzerschnittstelle, Streßtauglichkeit
- Desinfektion und sterile Aufbereitung von Geräten
- Konstruktion medizinischer Geräte

Einzelne Fachausschüsse

Alle Beschreibungen der gesellschaftlichen Ausschussarbeit beruhen auf der Wahrnehmung von Lau als dem Geschäftsführer mit einer anonymisierten Gesamtdarstellung. Er nahm an allen Sitzungen teil, die er auch organisierte und schrieb - fast als seine zeitliche Hauptaufgabe - immer alle Protokolle. Daher rühren auch seine rund 1000 Dienstreisen her, die wöchentlich manchmal als Dreiecksreisen stattfanden.

Diese Ausführungen stützen sich nicht auf Zitate der Sitzungsprotokolle, genannt Niederschriften, sondern auf Erinnerungen.

Öffentlichkeitsarbeit

Die Öffentlichkeitsarbeit nahm der Vorstand unter der Leitung des Vorsitzenden sehr ernst. Wichtige Ergebnisse waren Denkschriften und Ausbildungsschriften – auch für einzelne Hochschulen. Alles verfasste Lau und gab sie im Namen der Gesellschaft heraus.

Ebenso folgten Werbeschriften und Mitgliederinformationen für die Gesellschaft sowie die Selbstdarstellung.

Flyer hießen: „Chancen durch Micro Engineering“ oder „Angebote der Gesellschaft“ mit Bestellcoupon, wobei vieles von Lau kostenlos zugesandt wurde.

Angebote waren Einladungsprogramme zu allen Fachveranstaltungen und Seminaren z.B. „Montage in der Mikrotechnik“, des Weiteren kostenlose Berichte, Empfehlungen und Sonderinformationen wie „Ingenieure der Mikrotechnik kooperieren“. Unbegrenzte Möglichkeiten hatte Lau zur Mitgliedergewinnung, das er damit auch erfolgreich erreichte.

Definitionen, zukunftsträchtige Technologien mit Anwendungsbeispielen und die wirtschaftliche Bedeutung wurden schon im Jahr 1979 von Lau skizziert.

Zukunftsträchtige Technologien	Anwendungsbeispiele
• Elektronenstrahlen	– Elektronenstrahl-Lithographie
• Laserstrahlen	– Holographie – Lichtquelle – Drucker – Isotopentrennung
• Nuklearstrahlen	– Medizintechnik
• Infrarotstrahlen	– Nachtsichttechnik
• Glasfaser	– Signalleiter – Lichtleiter
• Piezoelektrizität	– Sender, Wandler, Schwinger, Filter – Tasten
• Flüssigkristalle	– Anzeigenbausteine
• Ultraschall	– Sonographie
• Fotolithographie	– Planartechnik – Ver- und Entspiegelungstechnik
• Vakuumbeschichten	– Oxidationstechnik

Zukunftsträchtige Technologien und beispielhafte Anwendungen

Auf die Historie zum Messen, Zählen, Steuern und Regeln mit Miniaturisierung wurde eingegangen. Die Ausstrahlung der neu implementierten Technologien auf die Lehre und die Arbeitsstruktur in den Betrieben ist sogar richtungweisend für die Zukunft und dies weltweit.

Arbeitskreis Fachhochschulprofessoren

Dieser industrienahe Arbeitskreis fand jedes Jahr abwechselnd mit dem Arbeitskreis Universitätsprofessoren statt, die internationale Kolloquien veranstalteten.

Es war viel Arbeit für Lau und beide Zusammenführungsaktivitäten brachten keine Einnahmen zur Finanzierung der Geschäftsstelle, weil alles kostenlos war.

Es war wohl für die Hochschulmitglieder gedacht, die ja nur wenige Mittel zur Verfügung hatten. Besonders die Niederschrift der Vortragsreferate war eine reine journalistische Arbeit für Lau. Es verlangten aber die Obmänner der Arbeitskreise.

Arbeitskreis Universitätsprofessoren

Der Vorsitzende der Gesellschaft leitete diesen Arbeitskreis und die daraus entstandenen internationalen Kolloquien persönlich. Dazu kam er in die Geschäftsstelle zum Geschäftsführer Lau, um die Treffen vorzubereiten.

Die Adressen aller internationalen Professoren der Micro Engineering lagen in der Hauptgeschäftsstelle der übergeordneten Organisation bereits vor. Es musste also nur noch ein Ort und ein Chairman an diesem Ort gefunden werden.

Interessant waren natürlich ausländische Locations. Zunächst fanden die Kolloquien aber an deutschen Sandorten wie München, Darmstatt und später in Ilmenau (statt Dresden) und Chemnitz statt.

Im Ausland war ein interessantes Kolloquium in Lausanne bei einem Professor, der zwei Bilder von einem sehr bekannten Altmeister geerbt hatte. Von dem einen Bild kaufte er sich eine Firma und vom zweiten Bild ein Schloss mitten in Lausanne.

Dieser Professor lud auch alle Teilnehmer in sein Schloss auf einem Hügel ein.

Bei der Begrüßung kam zufällig seine Tochter mit dem Motorrad vorgefahren. Er selbst spielte Trompete zur Eröffnung. Danach zeigte er seine Kunstgegenstände:

Es war ein Raum voller weißem Porzellan. Lau beeindruckte es sehr. Malen und Zeichnen war auch sein Hobby, weshalb er auch wie ein Künstler aussah.

Die von Lau eingeladenen drei Chinesen – zwei Fachleute und einer von einer Behörde – waren begeistert und machten große Geschenke.

Weitere internationale Kolloquien führte Lau in Wien, Kopenhagen, Eindhoven, London und 1984 und 1986 mit einem deutschen Freundeskreis und der Universität in Brasilien / Sao Paulo – zufällig 1984 zum 50. Bestehen der TU – durch.

Entwicklungsmethodik

Eine grundlegende Technische Regel ist „Konstruktionsmethodik von mikroelektronischen Geräten".

Sie wurde unter der Leitung von einem namhaften TU-Professor entwickelt, der schon andere bedeutende Technische Regeln federführend verfasst hatte.

Er stammte als Neffe aus der Familie des bekannten deutschen Raketenforschers.

Lau nahm natürlich sofort mit dieser Familie, also mit der Tochter des Raketenforschers Kontakt auf, als er von diesen Familienbanden mit bekam.

Die Tochter betreibt ein Museum in Bayern. In diesem Gebäude ist alles über die Anfänge der Raketentechnik ausgestellt. Es fängt an mit der Filmberatung zu „Frau Luna" in den 20er-Jahren bis hin zur V2-Rakete mit Wernher von Braun, der Assistent von ihm war. Eine Ausschusssitzung wollte Lau auch dort abhalten.

Die Technische Regel nahm nur langsam Fortschritte an. Dies dauerte so lange, dass sogar dieser erste Ausschussobmann auf Empfehlung vom Vorsitzenden, der zweiter Professor des ersten Obmannes war, einen anderen Professor aus Bayern die Ausschussleitung heranzutragen vorschlug. Der neue Professor seines Zeichens Dekan einer bayrischen Universität. Er wäre sogar, bis auf eine Stimme, beinahe zum Präsidenten dieser TU gewählt worden.

Der hervorragende Professor war der Vorreiter von Mikrosystemtechnik, weil er bei einem DAX-Weltkonzern sehr, sehr viele Patente über die Drucktechnik hatte.

Er führte damit die Mikromechanik mit Mikroelektronik und Software zusammen. So spiegelte sich das auch in der technischen Regel erstmals sehr deutlich wider.

Viele Assistenten von den beiden Universitäten sowie auch Praktiker aus Großfirmen haben dabei geholfen.

Einschub: Der Geschäftsführer und bedeutende Persönlichkeiten

a. Ein weiterer persönlicher Kontakt bestand zu einer Miterben von einem bekannten Mineralwasser auf einem abendlichen Treffen des Beirates, in dem ihr Mann als Professor Mitglied war. Lau leistete sich zu sagen, dass dieses Mineralwasser vom Arzt seiner Mutter nicht empfohlen wurde. Die Dame stimmte sogar zu, unter der Einschränkung für bestimmte Vorerkrankungen.
b. Das Vorstandsmitglied und später acht Jahre Vorsitzender der Gesellschaft kam aus der Familie eines Bundesverfassungsrichters.
c. Der Geschäftsführer selbst hatte in eine Familie eingeheiratet, die Kartonagen in Schwaben herstellten.
   Fast der ganze Ort arbeitete in dieser Firma. Sie wurde 1882 gegründet und ist heute noch ein großes Unternehmen.
d. Der Obmann des Ausschusses „Mikro- und Feinwerkelemente“ stammt aus der Schriftstellerfamilie, nach der eine Briefmarke in 1990 erschien und es in vielen Städten Straßennamen gibt, z.B. in Berlin.
e. Ebenso war ein Unternehmensberater, der Lau oft half, aus einer bedeutenden Professorenfamilie, nach der auch in vielen Städten Straßen und an der TU-Dresden ein Bau benannt wurden. Er steht auch als bedeutender Ordensträger in Ehrungsverzeichnissen.

f. Bis hin zu Milliardären hatte Lau branchenbedingt persönlichen Kontakt.
g. Des Öfteren war Lau auf Sitzungen dabei, in denen „Großköpfe“, wie Präsidenten, Politiker, Direktoren usw. auftraten.

<u>Mikro- und Feinwerkelemente</u>

Diese Arbeit an technischen Regeln der mechanischen Feingeräteelemente als Weiterführung der Maschinenelemente besteht seit 1957. Er gab unter führenden Industrievertretern, z.B. von Siemens, Zeiss, SEL und Professoren mit besonderem Ruf der TU-Berlin, TU-Dresden, Humbold-Universität-Berlin und Fachhochschulen über 30 Entwürfe und 30 Weißdrucke heraus. Die Obleute wechselten natürlich.

Außerdem war dieser Ausschuss der Gründungsausschuss der heutigen Micro Engineering. Jene gemeinnützige Gesellschaft generierte in 17 Jahren unter der Geschäftsführung von Lau rund 30 Millionen Umsatz, insbesondere durch Großveranstaltungen, z.B. Leiterplattentechnik und vielen anderen Tagungen, Kongressen mit Messen bis hin zu einer World Convention „Printed Circuit“.

Der Ausschuss ist also der Nukleus der Gesellschaft mit dann angepassten Namen. Die ersten offizielle Kontakte zur Gesellschaft bestanden von Lau seit 1978, aber er hatte schon seit 1064 zu deren maßgeblichen Professoren studentische Verbindungen sowie zur darüber stehenden Organisation eine Mitgliedschaft.

Lau war später nach seiner Tätigkeit als Geschäftsführer gewählter, ehrenamtlicher stellvertretender Vorsitzender des Ausschusses.

mikrotechnik
microtec

Schichttechnologie
Mikromechanik
Mikroelektronik
Mikrooptik
Mikrosensorik
Mikroaktorik
Scanner
Drucktechnologie
Displays

Tagungsziele:

Der aktuelle Stand und die Entwicklungstendenzen von Mischtechnologien in der komplexen Mikrotechnik werden dargestellt. Von besonderem Interesse sind Beiträge über die Fragen der wirtschaftlichen Fertigung und Anwendung, Marktbedeutung und Zukunftswirkung.

Aus den exemplarischen Anwendungen und verdeutlichten Schwerpunkten lassen sich für weitere spezifische Anwendungen, wie z. B. für optoelektronische Systeme, subminiaturisierte mechanische, elektrische und optische Verbindungen, mikromechanische und mikrooptische Bauelemente, Trennmembranen und Mikrodüsen, Lösungen ableiten. Kontroversen werden gezielt in den strukturierten Teilnehmerdiskussionen entstehen, die in der Plenarversammlung zu einem Resümee führen.

Wahl zur stellvertretenden Ausschussleitung mit Werbung einer früheren Tagung

Lau verfasste für ausführliche Ausschussberatungen, insbesondere durch Zeiss-Jena-Mitarbeiter einen Entwurf einer technischen Regel „Mikromechanik / Mikrooptik“, der aber leider nicht weiter verfolgt wurde.

Es kam eine Zäsur 2019/20 über den Ausschuss, vielleicht auch aus Altersgründen der Teilnehmer und auch wegen Corona-Lockdown. Die Ausschussüberführung zur Gesellschaftsentwicklung schlug fehl.

Trotzdem wird jetzt sehr erfolgreich der Ausschuss mit einem zweijährlich international stattfindenden Workshop „Gas Bearing" unter einem Berliner Professor als General Chair weitergeführt.

Erwähnung eines Prof. Dr.-Ing. habil. Dr.h.c.

Der Professor führte als herausragende Persönlichkeit außer dieser Regelsetzung für eine andere Veröffentlichung ein Autorenkollektiv. Er hatte alle namhaften Hochschullehrer, Wissenschaftler und Fachleute der miniaturisierten feinmechanischen Konstruktionselemente der vorwiegend mikroelektronischen Geräteperipherie, Miniaturmechanik und Präzisionsmechanik vereinigt.

Dieser Professor baute auch auf die Geschichte der Feinmechanik auf. Sie fing mit einem Ausschuss 1922 an, der einen Atlas 1928/29 herausgab. 1967 erschien ein Buch „Feinmechanische Bauelemente" in der DDR. Später erschien in München/ Wien ein Buch „Konstruktions-Elemente der Feinmechanik". In der Ausgabe 1989 ist die Mikromechanik mit weiterentwickelten Verfahren der Halbleitertechnologie aufgenommen worden.

Es werden damit ökonomisch bessere Möglichkeiten für neue Mikroelemente erreicht. Ein Beispiel ist auch „Fabrication of microstructures with high aspect ratio".

Mikromechanik wurde von weiteren Buchautoren als Standardwerke aufgenommen. In einem Lexikon beschrieb Lau die Mikrotechnik.

Nun weiter zum Professor Dr. Dr. h.c. (honoris causa):

Außer diesem Grundlagenbuchgremium als Fortführung der anderen zuvor genannten Ursprungserarbeitungen (wie ein anderer Professor mal sagte: Es wurde auf diesem Gebiet viel abgeschrieben) hatte der Professor sehr gute und viele meist internationale Kontakte. Heute spricht man von guter Vernetzung.

Aus der damaligen DDR heraus bestand zu anderen Ostblockstaaten intensive Zusammenarbeit.

Später nutzte Lau diese Adressen für Einladungen zu internationalen Kolloquien und Fachtagungen. Er beobachtete welche aus der Slowakei/Bratislava, die mit ihrem Auto aus Ilmenau nicht mehr wegkamen. Es war kaputt.

Der besondere Professor erhielt mehrere internationale Lehraufträge, weil sein Wissen exzellent, manches exklusiv herausragte.

Vorlesungen hielt er in Leningrad/Petersburg, Tallin und Wien. Die TU-Bratislava würdigte ihn mit dem Dr. h.c.

Als Führungsperson sollte er auch Vorsitzender der Gesellschaft mit Lau als Geschäftsführer werden. Laut Geschäftsordnung stand aber turnusmäßig ein Vorsitz eines Industrievertreters an, der dann ein zweifacher Werkleiter eines amerikanischen Weltkonzerns war.

Die fachliche Expertise des Professors mit seinen vielen Buchveröffentlichungen förderte seinen Bekanntheitsgrad, zudem war er auch menschlich sehr beliebt.

Er hatte z.B. keine Schwierigkeiten bei der Neuberufung nach der Wende 1990, die alle Hochschullehrer mit Befürwortern durchmachen mussten.

Einschub:
Die Geschichte von der mechanisch-optischen Feintechnik zum Micro Engineering

Zurzeit sind in Deutschland geschätzt eine Milliarde dieser Geräte im Gebrauch. Sie befinden sich in der Küche, im Wohnbereich, im Bad, generell im Haushalt und im Arbeitsbereich. Auch am Körper (Uhren) und bei der Kunst (Licht und Ton) sowie beim Hobby dominieren sie.

Die Brille entstand im 13. Jahrhundert.

Im 16. und 17. Jahrhundert waren es optische astronomische Geräte und mechanische Turmuhren.

Die heutigen Termini datieren aber erst seit dem 19. Jahrhundert.

Ab 1672 sind durch Otto von Guericke Elektrisiergeräte, für medizintechnische Anwendungen in 1744, belegt.

Im 18. Jahrhundert, ab 1798 baute man elektrische Telegrafen.

Besonders mit der Verwendung vieler elektr(on)ischer Bauelemente begann die Massenproduktion von Geräten.

Erst in den 1920er-Jahren wurden akademische Lehrstühle in Deutschland und weltweit für dieses Gebiet eingerichtet.

In der zweiten Hälfte des 20. Jahrhunderts wandelte es sich zuerst durch die Elektromechanik dann durch die Mikroelektronik rasant, z.B. in der Schreib- und Drucktechnik sowie Kommunikation.

Ähnlich vollzog sich der Wandel in der Foto- und Filmtechnik. Die analoge Feinmechanik wurde aber nie verdrängt und ist heute interdisziplinär mit Hardware zu Systemwissen mutiert.

Pneumatik, Hydraulik und Fluidik haben weiterhin ihre Bedeutung. Flexibilität wird durch Informatik, Software und Programme mit Computereinsatz, z.B. in der Automatisierung durch digitale statt analoge Prinzipien, erreicht.

Die Wirtschaftlichkeit hängt mit der Miniaturisierung und Ultrapräzision zusammen.

Elektrische Geräte- und Stellantriebe

Lau führte gern diesen Ausschuss, da sehr engagierte Mitglieder aus Firmenführungen und von der akademischen Detailarbeit darin sich betätigten.

Es entstand ein veröffentlichter allgemein gehaltener Regelwerkentwurf „Kleinmotoren“. Dieser war aber so fein ausgearbeitet, so dass er zu viele bekannte Grundlagen enthielt.

Der Vorsitzende ließ den bereits herausgegebenen Entwurf mit seinem Einspruchsrecht zurückziehen. Er machte den federführenden Erstellerprofessor sogar schlecht.

Lau tat dieser Vorgang sehr leid und tröstete den engagierten Professor.

Ein positives Endergebnis bestand jedoch darin, dass eine Fachtagung Kleinmotoren geboren wurde. Sie besteht bis heute immer mit neuen Erkenntnissen, z.B. mit Planarmotoren für die Mikrotechnik.

Gerätetechnik

Es ist für die Gesellschaft ein wichtiges Ausschussthema. Engagierte Fachleute aus Industrie und Lehre arbeiten in Gemeinschaftsarbeit daran.

Der Obmann von einem großen traditionellen Elektrokonzern, den es heute nicht mehr gibt, konnte sehr systematisch vorgehen.

Zunächst machte er einen Arbeitsplan für die Themen, die zu diesem Fachgebiet dringend anstanden. Dann begann er mit einem dringenden Thema eine technische Regel mit speziellen Ausschussmitgliedern zu formulieren.

Die Sitzungen fanden meist in einer süddeutschen Großstadt statt. Lau erreichte den Sitzungsort einmal zu spät, was als einziges Mal vorkam. Er nahm ja nie ein Taxi, da ihm das Sparen lag. Er fuhr mit der Straßenbahn vom Hauptbahnhof zum Konzern.

Jedoch fuhr er in die falsche Richtung, denn auf Mittelinseln von Straßenbahnhaltestellen sind Beschilderungen verwirrend in der Eile. Zumal man von der ICE-Fahrt am frühen Morgen etwas ermüdet ankommt und die Einstiegsseite nicht wahrnimmt.

Nach der guten Gliederung von Arbeitsvorhaben entstand nun auch eine veröffentlichte Technische Regel über Batterien für Geräte.

Sehr gut dachte Lau, doch er bekam großen Ärger. Er hatte gern alle internationalen Marktführer mit ihren Batteriebeschreibungen zugelassen.

Der deutsche Industriestandort wurde manchen zu kurz behandelt. So kam es zu einem Zerriss mit sofortiger Zurückziehung. Lau persönlich unterstellte man sogar negativ, dass er als Herausgeber nur Geld damit verdienen wolle.

Fachlich wird hier nicht weiter eingegangen, da es ja die Aufgabe der Experten war.

Der Geschäftsführer hatte die Aufgabe: Sitzungen zu organisieren, Protokolle zu schreiben, Schriften auszuführen mit Redaktions- und Lektoratsarbeit und das Geschriebene herzustellen. Die Vermarktung ist zum Schluss das Schwierigste.

Der Vorgänger von Lau bezeichnete diese Aufgabe als Drehscheibe, wie bei einem Schienenfahrzeugkreuz vor Garagen- und Wartungshallen.

Metallische Werkstoffe

Der Obmann war sehr vereinsorientiert. Er liebte es schon mal zu sagen, abends sitzen wir noch bei einer Tasse Bier zusammen und vertragen uns wieder.

Federführende Ausschussmitglieder kamen aus Nähmaschinenfabriken und elektrotechnischen Großfirmen, aber besonders aus Firmen der Optikbranche, oft aus der Region Wetzlar. Eine Metallurgin war auch dabei. Ein besonderer Mann ließ sich nach dem Abendessen eine „Al Capone“-Zigarre bekommen. Aus dem Ruhrgebiet der Eisen- und Stahlindustrie berieten auch interessante Ausschussleute als Hersteller die Anwender.

Vorzugsweise ging es um Mindermengen, die erheblichen Einkaufsaufschlag bedeuteten. Sie sollten durch diese technische Regel minimiert werden, d.h. eine Zusammenfassung für die Anwendung in der Optik und im Gerätebau.

So nun zu einem außergewöhnlichen Abend beim Obmann in seinem Privathaus, was seine Frau geerbt hatte. Er selbst stammte aus Berlin wie Lau.

Einschub: Eine Weinprobe

Der Obmann war ein Gourmet, ähnlich wie andere im Ausschuss auch. Natürlich hatte er einen großen Weinkeller. Aus diesem holte er verschiedene Flaschen und begann eine Weinprobe mit zuerst leichten, schlichten Weinen. Gesteigert wurde die Weinprobe mit exklusiven Lagenweinen. Es folgten also die Schweren, zuerst jüngere, danach ältere/spätere Jahrgänge - weiße, danach Rose' und zum Schluss rote Weine – eingeteilt nach trocken, feinherb, halbtrocken, lieblich süß und süß. Es gipfelte mit dem süßen Eiswein.

Zwischen den Weinen gab es natürlich Weißbrot und stilles Wasser zur Geschmacksneutralisierung.

Die praktische Durchführung bestand aus:

- Weinfarbe ansehen
- Wein schwenken für eine Sauerstoffzufuhr und Aromaentfaltung
- Wein riechen, ob er blumig, fruchtig oder neutral ist
- Wein eigentlich schlürfen, um Aroma und Bukett mit Luftzufuhr zu intensivieren

Höchstens zehn Flaschen mit je 0,75 Liter für 6 bis 8 Gäste wurden verkostet. Es blieb ein herrliches Vergnügen am Rande der intensiven Ausschussarbeit mit vielen veröffentlichten Resultaten in Erinnerung.

Ein anderer Abend fand mal mit Steakessen vom heißen Stein statt.

Unvergessen bleibt aber leider auch der Anfall einer sehr schmerzhaften Nierenkolik beim Obmann während einer Sitzung im Gedächtnis. Die Sitzung brach Lau sofort daraufhin ab.

Kunststoffe

Eine Spezialausbildung dafür erhielt Lau in Universitätskursen mit vielen Doppelstunden pro Woche noch in seiner Industrietätigkeit in Berlin zu „Moderne Kunststoffe“ und „Fertigungsgerechtes Gestalten von Kunststoffteilen“.

Zufällig war ein Ausbildungs-Professor der Vater vom späteren Lau-Nachfolger. Das praktische Wissen erfuhr Lau als Konstrukteur vieler Baugruppen, die durch Kunststoffe ersetzt wurden.

Sie führten zu seinen diversen Patentanmeldungen durch die Firma.

Die Ausschusssitzungen fanden im großen Kreis immer in großen Firmen statt. Die Firmen erhofften sich damit auch Beratungs- und Werbeerfolge für Einkäufer. Es nahm sogar solche Formen an, dass Geschenke verteilt wurden, die für Lau peinlich waren.

Die Veröffentlichungen kauften sogar diese Großfirmen in hohen Stückzahlen für sich selbst, um sie kostenlos zu verteilen, ein lohnendes Geschäft für den Geschäftsführer.

Recycling elektr(on)ischer Geräte

Ein ganz findiger Universitäts-Assistent von der Ruhr fand heraus, dass unsere Gesellschaft unbedingt das Thema Elektro(nik)schrott aufnehmen sollte. Aufgrund seines gerade erhaltenen Doktortitels steckte er in der Materie gut drin.

Er schlug dem damaligen Vorsitzenden, ein Professor aus dem Bergischen Land eine Tagung vor, die er als Chairman mit Lau organisieren möchte und es dann nach Vorstandsbefürwortung auch erfolgreich tat.

Vielleicht hatte er im Hinterkopf, sich dadurch in der neuen Branche einen Namen zu machen und außerhalb der Universität eine gute Stelle zu bekommen.

Lau stellte oft fest, dass viele ehrenamtlich Tätige auch Eigeninteressen und Privilegien verfolgten. Manchmal wollten sie auch nur gerne auf Firmenkosten Dienstreisen machen.

In diesem Fall ging es jedoch so aus, dass dieser Doktoringenieur sich mit einer Spezialfirma selbstständig machte, die bis heute Bestand hat.

Es entstanden auch viele technische Regeln zu diesem Fachgebiet.

Industrial Design

Der für Lau interessanteste Ausschuss befasste sich mit seinem Hobby des künstlerischen technischen Zeichnens.

Beispielsweise hatte er über 1000 meist perspektivische Zeichnungen von Geräten in seiner Doktorarbeit auch mit Kopiertricks erstellt.

Die vielen Künstler aus der Designbranche gaben grundlegende Informationen preis. Dies beeindruckte Lau.
Es wird hier nur auszugsweise genannt:

- Was man nicht verbergen kann, soll man betonen.
- Ich mische ihnen ein grün, vor dem sie weglaufen.

Der gewählte Obmann war selbstverständlich überragend und zudem nett. Er vertrat die sinnvolle Ansicht, dass man immer alles designmäßig nacharbeiten sollte. Jedes Verkleidungsteil von Geräten und sogar Bekleidungsstücke werden so perfekt. Weglassen ist auch eine Designmöglichkeit.

Übrigens: Auf Vorstandsebene mit einer „Geschäftsführer-Bierruhe“ entstand dieser Ausschuss, weil es schon einen alten zur Formgestaltung gab.

Maskentechnik

Die Maskentechnik als Ausschussarbeit für technische Regeln war ein beliebtes Thema von deren Fachleuten. Ein fleißiger Berliner Obmann von einem Großkonzern leitete den Ausschuss optimal.

Aus den erschienenen technischen Regeln entstanden regelmäßige Fachtagungen, die heute wichtigen internationalen Bestand haben.

Eine Anmerkung zu einem Tagungsteilnehmer. Die Tagung Maskentechnik hatte normalerweise 125 Teilnehmer. In einem Jahr waren es jedoch über 150 Hörer.

Einmalig war es, dass Lau als Veranstalter einen Kommilitonen aus seiner Berliner Studentenzeit begrüßen konnte.

Es war einer, aus einer großen bekannten Unternehmerfamilie, die unter anderem feinste Glasmaßstäbe herstellte. Er besuchte die Location neben einen Messebesuch mit einem ganzen Firmentross, weil das Programm durch Lithographie-Themen dafür äußerst interessant war.

Lau hatte mit dem Unternehmerangehörigen in Berlin unvergessliche Partys in der Villa am Schlachtensee gefeiert.

Allerdings war er von den Noten her der Schlechteste, aber einer mit bestem Auftreten.

Einschub: Der Wafer

Der Wafer ist neben den Masken ein bedeutendes Grundelement für die Chip-Fertigung. Die Entwicklung in Deutschland ging natürlich neben den USA zu immer größeren Wafer-Scheibenformaten.

Hier soll nur kurz ein Beispiel einer Verarbeitung beschrieben werden.

Es ist das Sägen zur Zerkleinerung des Wafers in Chipgrößen. Hierbei ist die Bearbeitungsmaschine so groß, so dass man vom Sägen als Beobachter gar nichts sieht und mitbekommt.

Das Kuriose ist dabei der Bediener.

Er muss schon wegen der Kompliziertheit ein promovierter Ingenieur sein. Allein das Kühlmittel für den Sägevorgang ist so speziell. Um es zur Wiederverwendung zu reinigen, gibt es extra einen Laboringenieur und Filterstufen.

Einschub: Röntgen-Tiefenlithographie

In der Halbleitertechnologie erfolgt die Übertragung einer Struktur von einer Maske auf die mit Resist beschichtete Substratoberfläche durch optische Lithographie (Belichtungsverfahren) von Wellenlängen 250 bis 450 nm.

Die Röntgen-Tiefenlithographie nutzt Speicherringstrahlung, also harte Röntgenstrahlung. Die verwendeten Wellenlängen liegen zwischen 0,2 und 2 nm,

so dass Aspektverhältnisse (Lackdicke zur Strukturbreite) größer 100 erreicht werden können. Die kleinsten Strukturbreiten liegen im Submikrometerbereich.

Auf die Prozesse der Strukturerzeugung wird hier nicht weiter eingegangen.

Leiterplattentechnik

Eine gewöhnliche Ausschusssitzung

Hier wird das erzählt, was nicht in den Sitzungen protokolliert wurde.

Immer fand eine der viermal im Jahr eingeladenen Sitzungen reihum in Firmen statt.

Ein erster Tagesordnungspunkt war der Bericht aus der Leiterplattenbranche mit deren Inhouse- und Offhouse-Firmen und Zulieferanten. Zulieferfirmenvertreter hießen auf den Fachtagungen „Wegelagerer“. Diskussionen über den Standort Deutschland hatten großes Interesse. Lau vermutete dabei schon nichts Gutes für diese Branche. Es gab ja die Globalisierung. Manche Firmen machten schon Zweigstellen, z.B. in Singapur auf. Ulkig, der am meisten schwäbelte übernahm die Firmenleitung dort.

Blicke aus dem Fenster waren von Lau, z.B. in Vaduz auf eine Burg, die er zeichnete.

Das Bild sollte eine Beilage zum Protokoll werden; stattdessen erhielt Lau damit großen Ärger vom Obmann wegen nicht bei der Sache zu sein.

Im Sommer tagte der Ausschuss sogar im Freien.

In einer Zulieferfabrik kam es einmal zum Vorfall. Eine Tonne mit einer wertvollen Rezeptur geriet in Brand und damit ein hoher Schaden.

Zum Schluss jeder Ausschusssitzung plante man die nächste Fachtagung.

Kleiner Ausblick zu Tagungen

Die Fachtagungen steigerten sich bis zu 1000 Teilnehmern á 1000 DM Teilnehmergebühren, weil viele Sessions der Leiterplattenherstellung wie Fertigung, Herstellung, Bestückung und Test gleichzeitig stattfanden. Lau suchte dafür eine Stadthalle aus.

Zu einer Einzelveranstaltung „Fertigung“ lud einmal ein Professor einer Fachhochschule ein. Sie verursachte für Lau nur geringe Kosten und brachte damit einen sehr hohen Erlös. Auch wegen dann noch eines Suppentellergerichtes nur als Imbiss gab es jedoch heftige Beschwerden wegen der hohen Teilnehmergebühren, die doch fachlichen Ursprung haben.

Wertvoll waren die Pausengespräche, weil viele erzählten, wie sie sich Selbstständig gemacht haben, meist mit öffentlichen Mitteln zwecks Arbeitsplatzbeschaffung.

Es haben sogar führende Mitarbeiter einer Firma die ganze Firma billig aufgekauft, wegen wirtschaftlicher Firmenschieflage und damit Arbeitsplatzgefährdung.

Eine abendliche Ausschuss-Begebenheit mit gravierendem Ausgang:

Also:

Abends gab es oft, auf steuerlich absetzbaren Bewirtungsrechnungen von besuchten Firmen, Abendessen und Getränke.

Den Leiterplattenfirmen ging es damals sehr gut, was man auch an den Autos sah, mit denen alle vorfuhren.

In einem Lokal fand gleichzeitig eine Geburtstagsfeier einer Baufirma statt. Da der Ausschussobmann ebenfalls ein großer starker Industriemann war, setzte der Bauboss sich spaßeshalber auf den Schoß des Obmannes. Ihm war der Spaß zu viel geworden und es begann eine Schlägerei in der Schwergewichtsklasse.

Der Obmann erlitt einen Nasenbeinbruch und Blut spritzte über andere Firmeninhaber des Ausschusses. Der Obmann erhielt dann im Krankenhaus eine Richtung der Nase nach früheren Fotos.

Die blutverschmierten Unternehmer des Ausschusses verklagten den Bauunternehmer und bekamen Recht.

Alles sollte anfangs ja nur zur Belustigung der anderen Gäste dienen, was aber nicht mehr lustig war. Vergessen hatten alle die Machtstellung der Betroffenen, Lau auch.

Printed Boards – Gedruckte Schaltungen – Leiterplatten

In Deutschland gab es in den 80er-Jahren 400 Leiterplattenfirmen und jeder große Elektrokonzern hatte eine Inhouse-Leiterplattenfertigung. Die Leiterplattentechnik lebte neben der Elektronischen Gerätetechnik von dem rasanten Zuwachs der elektronischen Kommunikation.

Diverse Zulieferer waren auch am Markt. Zuerst verschwanden dann aber die Inhouse-Fertigungen und danach fast alle Leiterplattenhersteller in Deutschland, bis auf eine Hand voll, verstärkt wegen der Kosten für die Umweltauflagen.

Übrigens:
Der Begriff „Leiterplatte“ entstand in diesem Ausschuss während der Arbeit an den technischen Regeln.

DIN nannte sie in Normen „Gedruckte Schaltungen“ und international heißen sie „Printed Boards“.

Jetzt noch ein Hinweis auf die Erstellung eines „Bestsellers“ mit rd. 6000 Verkäufen. Es war die Schrift:

Printed Board – Trouble Shooting

Die Inspiration dazu kam aus den USA. Diese US-Schrift musste nur noch für den Standort Deutschland umformuliert werden. Sie war deshalb ein Renner für Lau, weil damals die Leiterplatten-Herstellerfirmen sie in Hundertenpacken kauften und dann an ihre Kunden verteilten.

Die Kunden, also Wareneingangskontrolleure bei allen Leiterplatten-Verarbeitern waren sehr viele.

Besonders gut fand man, Trouble Shooting mit farbigen Bildern darzustellen. Nur drei Beurteilungen von der Lage der Lötaugen wurden gemacht: gut, mittel, zulässig (statt schlecht).

Von der übergeordneten Organisation wurde es als „heiße Kiste“ eingestuft, so dass Lau es rechtlich mit der USA-Stelle abklärte, die dort ein Deutscher führte.

Das war dann das Ende für die Erstellung weiterer ähnlicher Leiterplatten-Regelwerke als Übersetzungen. Die Kompliziertheit der Verträge bewirkte es.

Der deutschsprachige US-Mensch besuchte deshalb sogar Lau in Deutschland. Er witterte ein großes Geschäft in Europa.

Ständig erhielt der Geschäftsführer Lau Anrufe aus Firmen der Branche mit der Frage, ob es noch weitere übersetzte US-Technische Regeln gibt.

Weitere Verträge schloss Lau aber nicht ab, auch aus Kosten- und Erstellungsgründen. Außerdem beherrschte immer mehr die englische Sprache als Umgangssprache die Firmen. Einen Zuschnitt als Printmedium für Deutschland brauchte man deshalb nicht mehr.

Die Erstellarbeit für Trouble Shooting fand durch Einladung der Leiterplatten-Hersteller und Anwender organisiert von Lau statt.

Diese Arbeit fiel aus der normalen technischen Regelerstellung raus. Die Ersteller waren die führenden oft selbstständigen Experten, die in der Woche schlecht Zeit hatten. Also waren alle Arbeitssitzungen mit Lau an Wochenenden, Samstag und Sonntag.

Der Ausschussobmann bzw. Gremienleiter Leiterplattentechnik

Der Gremienleiter erfand die „Demokratur".

Dies bedeutet demokratisches Verhalten untereinander, aber Bestimmungen vom Leiter, von dem man auch Durchsetzung verlangt. Sonst flog ein Gruppenmitglied raus.

Natürlich bringt diese Einstellung erfolgreichen Aufstieg in jeder Position, die nach dem „Peterprinzip" bis zu einer Grenze führt. Das Buch von J. Peter und R. Hull 1970, ISBN 3498052179 beschreibt es.

Finanziell drückt sich nicht die Arbeitsleistung dabei aus, sondern umgekehrt sorgen erfolgreiche Arbeitsergebnisse für eine gute Belohnung.

Die Kompetenz-Denkweise ist also entscheidend. Oft steckt sie in den Genen drin. Damit ist gemeint, dass zeitweilige Verluste schnell wieder ausgeglichen werden können. Man fällt immer wieder auf die Füße und nicht es fällt einem auf die Füße.

Der Satz – Wir werden es schon irgendwie schaffen – ist insofern nicht richtig, weil dadurch negative Überlastung eintritt.

Short Stories von Leiterplattenfirmen der 80er-Jahre

Eine dominierende Firma in Süddeutschland stellte mal früher Emaille-Ziffernblätter für Uhren her. Mit dem Ursprung der

Galvanotechnik klappte es sehr gut mit der neuen Verschaltungstechnik durch Leiterplatten. Der Chef als Ausschussmitglied kreierte den Begriff Leiterplatte mit. Eine zweite führende erfolgreiche Firma angesiedelt im Zonenrandgebiet bekam Bundesfördermittel für das wirtschaftlich unterentwickelte Mauergebiet.

Der überragende Chef war in der Leiterplatten-Brache gefürchtet. Beispielsweise sagte er zu den technischen Regeln der Leiterplattentechnik, dass damit Hühnerställe gebaut werden und damit nichts taugen.

Weitere sehr aktive und engagierte Firmen hatten ihren Sitz im Rheinland.

Eine fiel besonders wegen ihrer ständigen Expansion auf. Es war mal eine typische Garagenfirma, wie große Elektronikfirmen in den USA in Silicon Valery mal entstanden sind.

Die erste Firma von dem besonders umtriebigen kleinen Mann entstand nach dem Garagenbetrieb auf dem von ihm selbst hergerichteten Bauplatz. Er musste eine große Betonplatte mit dem Presslufthammer zerkleinern und für die Grundsteinlegung wegräumen.

Die nächste Firma gründete er in seinem Chalet in der Schweiz. Dann kaufte er eine durch Misswirtschaft aufgegebene Leiterplattenfirma eines Großkonzerns. Der Konzern war nicht traurig, es konnte viel Abschreiben.

Ein Zulieferer von Resisten für die Leiterplattenfertigung, der später weltweit erfolgreich war, half allen „start ups“ der Branche mit Rat und Tat und seiner Firmenphilosophie „Tue Gutes“.

Die Firmenzeitung des Multiplayers

Die Tochter des Resist-Firmeninhabers, welche Betriebswirtschaft studierte, lernte einen Kommilitonen ebenfalls aus einer Unternehmerfamilie kennen. Sie heirateten später. Beide stiegen in die Firma ein und übernahmen sie.

Lau hatte engen Kontakt zu dieser Familie, da ja zwei Obleute aus der Firma den Ausschuss Leiterplattentechnik nach dem Rücktritt des allmächtigen Ausschussobmanns leiteten.

Nun kam die junge Generation auf die Idee eine Firmenzeitung, nicht nur für die Mitarbeiter sondern besonders für weltweite Kunden sowie für Vereins- und Verbandsleute einzuführen.

Diese Zeitschrift mit wertvollen Informationen, vor allem für die 65 internationalen Vertriebsvertreter, über die Produktpalette und Neuerungen war in großen Stückzahlen ein voller Erfolg.

Eines Tages stand ein besonderer Geburtstag des Firmengründers an.

Was schenkt man so einem, der schon alles erreicht hat? Mehrere schlugen eine Sonderausgabe der Firmenschrift vor. Dies stellte sich als zündende Idee heraus.

Viele Kunden, Mitstreiter und andere wie Bürgermeister und Ehrenamtliche aus Vereinen und Verbänden lieferten Beiträge. Sie holte die sehr engagierte Chefsekretärin ein.

Lau lieferte auch einen Beitrag. Dieser basierte auf seine Tagebucheintragungen mit vielen Fotos und besonderen Texten.

Die Bonmots, die Lau auf den sehr zahlreichen Sitzungen sammelte, waren sehr beliebt und sind daher in der Sonderzeitung abgedruckt worden. Auf den Fotos ist zu erkennen, dass der Geehrte schon immer eine Führernatur war. Er stand stets in der ersten Linie und führte Gruppen vorweg an, auch mit multilingualen Fähigkeiten.

Lau bekam einen langes handgeschriebenes Dankschreiben. So werden berufliche und auch private Kontakte belohnt.

Ursprung der Leiterplatte

Lau beschrieb die Historie in einer Mitgliederinformation:

Der Weg vom Transistorradio zu computergesteuerten Satelliten konnte nur durch die Leiterplatte erfolgen:

02.03.1925	USA-Patent von Charles Ducas
27.03.1925	Patent vom Franzosen M. Cesar Pazolissi
12.09.1928	Patent vom Australier Samuel Charles Ryder
31.05.1937	Deutsches Patent: Leiter im Formgießverfahren: hatte keinen Praxiseingang
02.02.1942	Patent mit technischem Durchbruch von Dr. Paul Eisler
1956	Beginn der Leiterplattenfertigung in Deutschland und Europa für Radiowerke
1961	USA- Patent für Multi-Layer (Mehrebenenschaltung)

Bonmots, die in den Ausschusssitzungen „Leiterplattentechnik“ gefallen sind

- Lieber heimlich intelligent, als unheimlich doof.
- Die Schlauheit der Füchse ist auf die Doofheit der Hühner zurückzuführen.
- Der erste Teil war selbstverständlich, der zweite war unverständlich - also was soll 's.
- Hat nach meinem Dafürhalten gar keinen Sinn - schlußendlich !
- Ein häufig angewendeter Trick ist die Methode.
- Kängeruhprinzip: "Heute mittragen, damit es morgen selbst laufen kann".
- Jeder denkt nur an sich, keiner denkt an mich.
- Jetzt macht bitte keinen Schimmel schwarz.
- Es ist kein falscher Fehler.
- entweder - oder
- Denksport: "3 Häuser mit Gas-, Wasser- und Stromleitungen kreuzungsfrei in einer Ebene verbinden".
- Das Leben in einem gewissen Wohlstand ist meistens auf etwas Reichtum zurückzuführen.
- Wenn keiner den Mund aufmachen will, dann tue ich es.
- Gestern standen wir am Abgrund, heute sind wir einen Schritt weiter.
- Ich höre nichts negatives und nichts positives, also weiter im Text.
- Ich bitte darum, die mit Stroh abgedeckten Geistesmaschinen freizulegen.
- Wer am Morgen zerknittert aufsteht, hat am Tage die Möglichkeit sich viel mehr zu entfalten.
- Zum Mittagessen bekommen wir eine Leiterplatte zwischen die Zähne.
- Ich hoffe, Sie haben das entsprechende Blatt gefunden, ich habe auch suchen müssen.
- Bitte schmale Ordner für Sitzungen verwenden - man findet es dann schneller.
- Herr "sowieso" ist unterbrechungsfähig - Sie haben aber nun lange genug geredet.
- Was ist astrein ?

Medizinische Technik

Kurios, denn Lau promovierte am Institut für Arbeitswissenschaft auf ein arbeitsmedizinisches Thema in Berlin.

Der erste Doktorvater war ein Doktoringenieur mit medizinischer Zusatzausbildung und kam von Siemens als Leiter einer zentralen Ergonomieabteilung.

Der zweite Doktorvater als Chef der Betriebsärzte von Siemens Berlin war auch der Vorsitzende des Hartmannbundes in Berlin.

Also, die Dissertation von Lau behandelte vorwiegend Ergonomiefragen zur Auswahl und Gestaltung von Arbeitshilfen. Dies zur Verbesserung der menschlichen Arbeit bei gleichzeitiger Steigerung der Arbeitsproduktivität.

Messungen am Menschen insbesondere von Pulsfrequenzen, Muskelkräfte u.v.a.m. und die Bewertung mit eigens dafür entwickelten Computerprogrammen standen im Vordergrund.

Jedoch zog Lau es nicht vor, aufgrund seines Doktortitels darauf zu arbeiten. Er ahnte, dass Firmen dieses Thema zwar in neuen Abteilungen einführen werden, aber es aus Rentabilitätsgründen nicht lange durchhalten können.

Er wollte lieber auf sein angestammtes Fachgebiet: Elektromechank, Elektronik und Optik mit Hinwendung zur Mikrotechnik arbeiten. Im Hintergrund stehen natürlich Fertigungs-, Werkstoff-, Design- und Medizinthemen.

Eine seiner praxisbezogenen Abschlussarbeiten war die Konstruktion eines Kinotheodolits mit elektronischer Schaltung, die er dafür entwickelte.

Mehrere technische Regeln als Kataloge entstanden besonders für Krankenhausingenieure. Sie standen aber neben den Ärzten nur in zweiter Reihe. Die technischen Geräte haben aber Vorrang.
Beispielsweise muss nämlich ein Defibrillator schnell und einfach bedient werden können. Solche Aufgaben standen im Vordergrund der Ausschussarbeit.

Produktmontage

Ein neuer besonderes zukunftsweisender Ausschuss wurde von Lau 1994 mit dem Namen „Wirtschaftliche Montage von Produkten und Komponenten“ ins Leben gerufen.

Das Thema war die Antwort auf die unternehmerische Innovation zur Verlagerung der Montage in Niedriglohnländer.

Die Tätigkeitsfelder des Ausschusses betrafen:

Menschen und Ausbildung, Montagesysteme für Serienfertigung, Wirtschaftlichkeit zur Standortsicherung, Zukunftssicherung durch Umwelt-Aspekte und -Technologien, Montage und Demontage mit einer Gesamtenergiebilanz einschließlich Entsorgung.

Ausführliches dazu stand in der Mitgliederinformation Mai 1995 mit dem Titel „Mikrotechnik und Trends in der Leiterplattentechnik“, auf die eine große Beachtung und viele Danksagungen folgten.

Ausschussergebnisse

Die zu den Fachthemen der Gesellschaft erstellte Regulatorik ist nachfolgend komplett aufgeführt.

Die Ausschussergebnisse als technische Regeln sind der Stand von 1996, dem Endtätigkeitsjahr des Geschäftsführers Lau.

Es waren 124 Veröffentlichungen technischer Regelblätter in drei Ringmappen von einem bedeutenden deutschen technischen Verlag vertrieben.

Insgesamt betrug die Seitenzahl 2056 in den 124 losen Blättern dieser Sammlung.

Die durchschnittliche Seitenzahl war damit 16,5 pro Blatt.

Firmenunterstützung für die ehrenamtliche Gemeinschaftsarbeit

Früher wurden Firmenmitarbeiter als Belohnung und Auszeichnung für ihr Expertenwissen extra abgestellt, um in technisch-wissenschaftlichen Vereinen und Verbänden ehrenamtlich mitzuarbeiten.

Die Konzerne und Firmen erhofften sich dadurch werbewirksame Vertretungen.

Dann kam schon zu der Geschäftsführerzeit von Lau auf, dass dies nicht mehr gefördert wurde, aber immer noch meist mit persönlichem Engagement gestattet sei.

Es gab dann doch schon Fälle, wo Ausschussmitarbeiter während der Sitzung angerufen wurden, um in die Firma zurückzukehren.

Diese Zurückbeorderungen hatte sogar noch personalpolitische Konsequenzen.

Also, die Zeiten ändern sich zu messbaren Profiten. Werbungsauswirkungen sind schlecht messbar.

Es heißt aber, dass selbst die Firmenchefs über ihre ehrenamtliche Eigeninitiative in höchste Präsidial- und Kuratorpositionen gekommen sind, wahrscheinlich durch ihre Imagepflege. Das mit dem guten Beispiel vorangehen, sollte auch für ihre Mitarbeiter gelten.

Immerwährende technische Regeln als neuen Publikationsvorschlag

Lau war stolz darauf, dass unter seiner Ägide immerwährende, also immer geltende technisch-physikalische Sachverhalte beschrieben und veröffentlicht wurden.

Leider gab es vom Herausgeber und Vertreiberverlag Vorschriften, dass fünf Jahre alte Veröffentlichungen zurückgezogen werden müssen, besonders dann, wenn keiner dagegen Einspruch erhebt. Ein Auditierungsverfahren ließ manchmal technische Regeln fortbestehen. Als historische Schriften sind sie nach wie vor aber zu beziehen. Es geschieht aus Unwissenheit jedoch selten.

Lau erhob einen vehementen Einspruch und wollte eine zusammengefasste Zweitvermarktung als erschwingliches einfach handhabbares Taschenbuch z.B. für Studenten herausgeben. Es sollte beispielsweise Schrauben- und Federberechnungen, Lager,

Gelenke sowie viele andere Konstruktionselemente auch für die Mikrotechnik als Mikroelemente behandeln.

Andere Regelsetzer machten es zu der Zeit. Die meist sehr alten Techniken für Lehre und Industrie im großen Umfang zu publizieren, sollte auch nicht geschäftsschädigend gegenüber den neuen Regeln in Blattform sein.

Ein gedrucktes Musterexemplar entstand sogar und bekam von höchster Stelle eine Abfuhr. So verlor es sich bis heute im Sande. Diese Zusammenfassungen könnten aktuell für das Internet wieder interessant werden.

Ein neuer Designvorschlag für die lose Blattsammlung

Lau erhielt von einem Direktor den Auftrag, eine neue Aufmachung von technischen Regeln zu gestalten, um sie von der über 150 Jahre alten Publikation und anderen „verstaubten" Deckblättern abzuheben.

Er tat es mit Freude, denn er hatte ja seinen Lieblingsausschuss „Industrial Design" in geschäftlich betreuter Führung.

Der Leiter des Ausschusses machte auch gerne mit Lau einen durch seine Kunst- und Marketingkenntnisse neuen Vorschlag.

Der technische Kunstprofessor, der auch Seminare nach dem Standardwerk Barber, Barrington: Drawing Claas, Arcturus Publishing Limited, UK 2009 durchführte, schmiss einfach ein Deckblatt auf den Boden und fragte, wo sieht man als ersten hin. Natürlich rechts unten auf die Seite und nicht wie vermutet auf den Goldenen Schnittpunkt, 0,62-mal der Seitenhöhe.

Ein Titel und das Inhaltsverzeichnis unten rechts ist nicht nur wegen des Hinsehens vorteilhaft, sondern auch weil es die Stelle zum Wahrnehmen beim Umblättern ist.

Übrigens: Jede technische Zeichnung hat die Beschriftung unten bzw. unten rechts.

So flossen viele neue Ideen und Logisches auf eine neue Deckmusterseite technischer Regeln ein.

Auch die komischen Beschriftungen auf die bisherigen Seitenränder wurden normal waagerecht aufs Papier gebracht. Die Aufschriften entstanden wohl durch jahrzehntelange Nachträge.

Nun wurde alles logisch in Blöcken zusammengefasst.

Es entstand ein gelungener neuer in Hochglanz hergestellter Entwurf.

Den Vorschlagsentwurf erhielt ein sehr hohes Entscheidungsgremium der übergeordneten Organisation der Gesellschaft als Tischvorlage.

Trotz guter Erläuterung lautete der Beschluss:

Nicht vom Gewohnten und vom allgemein Anerkannten abgehen, also nichts Neues produzieren.

Für Lau kam es noch schlimmer, man lachte ihn wegen des neuen Designs aus, trotzdem es wissenschaftlich begleitet war.

Na ja, die Zukunft wird es zeigen, wer zuletzt lacht, denn der Zeitenwandel lässt Mindestanpassungen im Schriftbild und in anderen Kleinigkeiten zu. Zeitungen ändern auch oft ihr Layout.

Es hatte aber auch etwas mit negativem Recht haben und besser wissen zu tun.

Rollieren und Glattwalzen/8 S.

Datenverarbeitung in der Konstruktion; Begriffserläuterungen/32 S.

Konstruktionsmethodik - Methodisches Entwickeln von Lösungsprinzipien/63 S.

Konstruktionsmethodik; Erstellung und Anwendung von Konstruktionskatalogen/43 S.

Konstruktionsmethodik; Technisch-wirtschaftliches Konstruieren; Anleitung und Beispiele/52 S.

Konstruktionsmethodik; Technisch-wirtschaftliches Konstruieren; Vereinfachte Kostenermittlung/24 S.

Konstruktionsmethodik; Technisch-wirtschaftliches Konstruieren; Tabellenwerk/36 S.

Konstruktionsmethodik - Technisch-wirtschaftliches Konstruieren; Tabellenwerk/37 S.

Konstruktionsmethodik; Technisch-wirtschaftliches Konstruieren; Technisch-wirtschaftliche Bewertung/18 S.

Konstruktionsmethodik - Technisch-wirtschaftliches Konstruieren - Bemessungslehre/43 S.

Metallkleben; Hinweise für Konstruktion und Fertigung/27 S.

Methodische Auswahl fester Verbindungen; Systematik, Konstruktionskataloge, Arbeitshilfen/64 S.

Feinwerkelemente; Verbindungen; Übersicht/3 S.

Feinwerkelemente; Spannverbindungen/18 S.

Feinwerkelemente; Stauch- und Biegeverbindungen/31 S.

Feinwerkelemente; Lötverbindungen/12 S.

Feinwerkelemente; Führungen; Übersicht/7 S.

Feinwerkelemente; Führungen; Nichtmetallager/12 S.

Feinwerkelemente; Führungen; Gleitgelenke, Sinterlager/8 S.

Feinwerkelemente; Führungen; Steinlager/7 S.

Feinwerkelemente; Führungen; Gleitgelenke/19 S.

Feinwerkelemente; Führungen; Gas-, Magnet- und Schwimmlager/24 S.

Feinwerkelemente, Führungen; Wälzlager und andere Wälzführungen/28 S.

Feinwerkelemente; Führungen; Federgelenke/20 S.

Feinwerkelemente; Sperrungen; Übersicht/2 S.

Feinwerkelemente; Sperrungen; Gesperre/27 S.

Feinwerkelemente; Sperrungen; Setzanschläge/4 S.

Feinwerkelemente; Sperrungen; Festanschläge/14 S.

Feinwerkelemente; Drehkupplungen; Übersicht/4 S.

Feinwerkelemente; Drehkupplungen; Dauerkupplungen/11 S.

Feinwerkelemente; Drehkupplungen, Schaltkupplungen/42 S.

Feinwerkelemente; Energiespeicherelemente; Übersicht/2 S.

Feinwerkelemente; Energiespeicherelemente; Metallfedern/29 S.

Feinwerkelemente, Energiespeicherelemente; Metallfedern, Rohr- und Hohlfedern/4 S.

Feinwerkelemente; Dämpfungen; Schwingungsdämpfungen/15 S.

Feinwerkelemente; Dämpfungen; Stoßdämpfungen/8 S.

Feinwerkelemente; Bedienelemente, mechanisch/20 S.

Feinwerkelemente; Anzeigeelemente; Skalen, Symbole, Zeiger/10 S.

Metalloberflächenbehandlung in der Feinwerktechnik; Übersicht/2 S.

Metalloberflächenbehandlung in der Feinwerktechnik; Mechanische Behandlung/8 S.

Metalloberflächenbehandlung in der Feinwerktechnik; Vorbehandlung durch Reinigen und Entfetten/4 S.

Metalloberflächenbehandlung in der Feinwerktechnik; Chemische Behandlung durch Beizen/5 S.

Metalloberflächenbehandlung in der Feinwerktechnik; Metallische Überzüge I; Galvanische Verfahren/13 S.

Metalloberflächenbehandlung in der Feinwerktechnik; Metallische Überzüge II; Chemische und sonstige Verfahren/9 S.

Metalloberflächenbehandlung in der Feinwerktechnik; Nichtmetallische Überzüge I; Chemische und elektrochemische Verfahren/10 S.

Metalloberflächenbehandlung in der Feinwerktechnik; Nichtmetallische Überzüge II; Lackierungen/12 S.

Metalloberflächenbehandlung in der Feinwerktechnik; Nichtmetallische Überzüge III; Pulverbeschichtungen/3 S.

Kunststoffoberflächenbehandlung in der Feinwerktechnik; Übersicht/4 S.

Kunststoffoberflächenbehandlung in der Feinwerktechnik; Mechanische Bearbeitung/2 S.

Kunststoffoberflächenbehandlung in der Feinwerktechnik; Metallisieren/4 S.

Kunststoffoberflächenbehandlung in der Feinwerktechnik; Lackieren/4 S.

Kunststoffoberflächenbehandlung in der Feinwerktechnik; Bedrucken und Heißprägen/3 S.

Entwicklungsmethodik für Geräte mit Steuerung durch Mikroelektronik/64 S.

Industrial Design; Grundlagen, Begriffe, Wirkungsweisen/20 S.

Industrial Design; Grundlagen, Begriffe, Wirkungsweisen; Darstellung an Beispielen/23 S.

Industrial Design; Grundlagen, Begriffe, Wirkungsweisen; Der Industrial-Design-Prozeß/40 S.

Kataloge in der Instandhaltung und Bewirtschaft der Medizintechnik; Allgemeines/7 S.

Standardisierter-Gerätekatalog in der Medizintechnik/3 S.

Kataloge in der Instandhaltung und Bewirtschaftung in der Medizintechnik - Fehlerkataloge/2 S.

Kataloge in der Instandhaltung und Bewirtschaftung in der Medizintechnik - Instandhaltungsmaßnahmen/2 S.

Gerätetechnik; Grundlagen/15 S.

Gerätetechnik; Prüfgerechtes Gestalten/18 S.

Werkstoffe der Feinwerktechnik; Polyamid-Formstoffe unverstärkt/24 S.

Werkstoffe der Feinwerktechnik; Polyamid-Formstoffe glasfaserverstärkt/12 S.

Werkstoffe der Feinwerktechnik; Perfluoräthylenpropylen-Formstoffe/12 S.

Gleitlager aus thermoplastischen Kunststoffen/24 S.

Anforderungen an die Oberflächengestalt zur Sicherung der Funktionstauglichkeit spanend hergestellter Flächen; Zusammenstellung der Kenngrößen/14 S.

Rauheitsmessung mit elektrischen Tastschnittgeräten/14 S.

Oberflächen-Meßverfahren; Messung des Flächentraganteils/6 S.

Oberflächen-Meßverfahren; Rauheitsuntersuchung mittels Interferenzmikroskopie/11 S.

Kreisteilungen und ebene Winkel; Grundbegriffe für Winkelmaße, Winkelmessungen, Winkelnormale und deren Fehler/23 S.

Härteprüfung an metallischen Werkstoffen/28 S.

Härteprüfung an Kunststoffen und Gummi/48 S.

Genauiakeit von Koordinatenmeßgeräten - Kenngrößen und deren Prüfung; Koordinatenmeßgeräte mit optischer Antastung - Grundlagen/10 S.

Genauigkeit von Koordinatenmeßgeräten - Kenngrößen und deren Prüfung - Koordinatenmeßgeräte mit optischer Antastung - Sensoren zur 2D-Messung/8 S.

Genauigkeit von Koordinatenmeßgeräten - Kenngrößen und deren Prüfung - Koordinatenmeßgeräte mit optischer Antastung - Optische 1D-Abstandssensoren/6 S.

Qualitätsmanagement mit wissensbasierten Systemen - Anwenderleitfaden/50 S.

Meßräume; Klassifizierung und Kenngrößen; Planung und Ausführung/27 S.

Lichtwellenleitertechnik für den industriellen Einsatz - Verbindungen/27 S.

Lichtwellenleitertechnik für den industriellen Einsatz; Verzweigungen/26 S.

Herstellung von Fertigungsunterlagen für Leiterplatten; Übersicht und Verfahrenszusammenstellung/10 S.

Herstellung von Fertigungsunterlagen für Leiterplatten; Manuelle Vorlagenherstellung/7 S.

Herstellung von Fertigungsunterlagen für Leiterplatten; Teilautomatisierte Vorlagenherstellung/7 S.

Herstellung von Fertigungsunterlagen für Leiterplatten; Automatisierte Vorlagenherstellung/6 S.

Herstellung von Fertigungsunterlagen für Leiterplatten; Datenerfassung und -aufbereitung/5 S.

Herstellung von Fertigungsunterlagen für Leiterplatten; Photographische Verfahren/8 S.

Fertigung von Leiterplatten; Übersicht und Begriffsbestimmungen/8 S.

Fertigung von Leiterplatten; Mechanische Verfahren/8 S.

Fertigung von Leiterplatten; Chemische und galvanische Verfahren/8 S.

Fertigung von Leiterplatten; Drucktechnische Verfahren/8 S.

Fertigung von Leiterplatten; Verfahren zur Erhaltung der Lötbarkeit/8 S.

Fertigung von Leiterplatten; Prüfung und Prüfverfahren/9 S.

Leiterplattenbestückung; Bestimmung der Genauigkeit und der Leistung von SMD-Bestückungsautomaten/11 S.

Technische Liefervorschrift; Aluminiumoxid-Substrate für Dickschichtschaltungen/7 S.

Technische Liefervorschrift - Leiterpasten für Dickschichtschaltungen/5 S.

Technische Liefervorschrift - Widerstandspasten für Dickschichtschaltungen/6 S.

Technische Liefervorschrift - Dielektrische Pasten für Dickschichtschaltungen/6 S.

Technische Liefervorschrift; Elektrisch leitende Kleber/7 S.

Technische Liefervorschrift; Elektrisch isolierende Kleber/7 S.

Technische Liefervorschrift - Lotpasten/4 S.

Technische Liefervorschrift - Epoxidabdeckmassen für Halbleiterchips/8 S.

Prozeßmeß- und Prüftechnik für Leiterplattenbaugruppen in SMD-Technik/35 S.

Maskentechnik; Einführung, Begriffe und Definitionen/7 S.
Mask engineering; introduction, terms and definitions

Maskentechnik; Substrate/8 S.
Mask engineering; substrates

Maskentechnik; Schichten/6 S.
Mask engineering; layers

Maskentechnik - Strukturen/7 S.
Mask engineering - Pattern

Maskentechnik; Blank-Defekte/10 S.
Mask engineering; blank defects

Maskentechnik; Pellicles/4 S.
Mask engineering; pellicles

Maskentechnik; Maskentechnik für die Integrierte Optik/10 S.
Mask engineering; masks for integrated optics

Werkstoffe der Feinwerktechnik; Automatenstahl/10 S.

Werkstoffe der Feinwerktechnik; Einsatzstähle/12 S.

Werkstoffe der Feinwerktechnik; Vergütungs- und Nitrierstähle/12 S.

Werkstoffe der Feinwerktechnik; Weiche unlegierte Stähle/10 S.

Werkstoffe der Feinwerktechnik; Allgemeine Baustähle/14 S.

Werkstoffe der Feinwerktechnik; Federstähle/16 S.

Werkstoffe der Feinwerktechnik; Werkzeugstähle/15 S.

Werkstoffe der Feinwerktechnik; Nichtrostende Stähle/23 S.

Werkstoffe der Feinwerktechnik; Werkstoffübersicht/8 S.

Recyclingorientierte Produktentwicklung — 36 Seiten
Berichtigter Nachdruck
Recycling-oriented product development

Recycling elektrischer und elektronischer Geräte – Grundlagen und Begriffe 12 S.
Recycling of electrical and electronic products – Principles and terminology

Recycling elektrischer und elektronischer Geräte – Logistik — 44 Seiten
Recycling of electrical and electronical equipment – Logistics

Recycling elektrischer und elektronischer Geräte – Demontage — 71 Seiten
Recycling of electrical and electronical equipment – Disassembly

Recycling elektrischer und elektronischer Geräte – Vermarktung — 24 Seiten
Recycling of electrical and electronic products – Marketing

Recycling elektrischer und elektronischer Geräte – Aufbereitung — 34 Seiten
Recycling of electrical and electronic products – Reconditioning

Ausschussergebnisse
Technische Regeln
Stand 1996

Die Veranstaltungsarbeit

Workshops, Kolloquien, Fachtagungen, Kongresse, Messen, Pressekonferenzen

Tätigkeit: **Reden und Demonstrieren**
Ergebnisse: **Berichte und Mitteilungen**

Allgemeines

Der langjährige Vorgänger (1960 bis 1978) von Lau war es gewohnt und es war damals auch üblich „Jahrestagungen" des Fachgebietes mit den Fachleuten aus Wissenschaft und Industrie durchzuführen. So kamen aus den Gesellschaftsmitgliedern und durch Werbung bis zu 400 Teilnehmer zusammen.

Dieser Mix aus allen Themen der Gesellschaftsarbeit hat sich jedoch nicht auf Dauer bewährt, denn die Technik wurde spezieller, besonders in Richtung kleiner, also zur Mikrotechnik und heute sogar zur Nanotechnik.

Lau erhielt trotzdem öfters Anfragen von den praxisbezogenen Fachhochschulprofessoren, warum es diese Tagungen nicht mehr gibt. Für die Reisen zu den anderen Großveranstaltungen, z.B. Leiterplattentagungen gab es keine Bewilligung für die Reisekostenabrechnung.

Viele weitere Veranstaltungsorganisationen entstanden für Lau in der Ausschussarbeit, also aus der eigentlichen technisch-wissenschaftlichen Arbeit heraus. Sie werden bis heute gern fortgesetzt, z.B. Maskentechnik in sechsunddreißigster Folge.

Die Ausschüsse wollen sehr gerne den Stand ihrer Technik in einem breiten Fachzuhörerkreis publik machen. Diese Vorhaben tragen sich bis heute vielfach gut.

Einige Techniken verändern sich aber so rasant, dass es jetzt oft zu Gemeinschaftsveranstaltungen kommt, besonders zu den Internationalen.

Der Vorgänger von Lau, damals 70 Jahre alt, war noch allen in der Branche sehr vertraut. Diese rheinisch-düsseldorfer, karnevalistische Frohnatur hatte immer eine Aufmerksamkeitserregende witzige Ausstrahlung, die Lau zuvor nie erlebt hatte.

Auch deshalb blieb Lau gern länger als nur die sechsmonatige Probezeit als Geschäftsführer. Sein Humor war auch bei allen anderen äußerst beliebt. Er konnte perfekt Klavier spielen und dazu singen.

In Düsseldorfer Tageszeitungen erhielt er den Titel „Der Mann am Klavier" und vom Karnevalsverein mehrere Orden.

Seine Malkastenmitgliedschaft ist auch erwähnenswert. Noch besser konnte er stets dichten und das immer humorvoll.

Es war für Jedermann und auch für jede Frau eine Freude und Wohltat mit ihm zusammen zu sein.

Ein Beispiel einer kurzen Rede von ihm zur Einladung zum Mittagessen auf einer Leiterplatten-Fachtagung mit 450 Teilnehmern 1980:

„Nun haben wir als Experten genug gefachsimpelt und schieben uns jetzt eine Leiterplatte zwischen die Zähne".

Nur er konnte so etwas verschmitzt sagen, kein anderer.

Der Personalchef von Lau verlangte es als dem Nachfolger von ihm auch. Lau wäre so etwas vom Auditorium schwer übel genommen worden.

Schließlich gehörten fast alle Unternehmensführer der Leiterplattenbranche als Hörer dazu. Sogar eine Milliardärin aus einer Konzernfamilie war anwesend, da sie eine Herstellerfirma für Leiterplatten gründen wollte und dann viel Kapital investierte.

Mitarbeiter heuerte sie auch auf dieser Veranstaltung an und wurde bereits von einigen begleitet.

Lau hielt sich als Organisator und finanzverantwortlicher aber bei dieser Veranstaltung in der Messe sehr zurück, was seine Stärke war und auch gut ankam.

Er hatte die Einstellung, dass die Ehrenamtlichen das Sagen haben müssen und nicht die Hauptamtlichen, was sich später manchmal änderte.

Er hatte ja stets kein Machtstreben, was auch als Lau, Lau gedeutet wurde und Neider auf den Posten hervorrief.

Beispielsweise saß mal einer als Diskussionsleiter die ganze Tagungszeit mit auf dem Podium als Ansager aller Referenten. Es war ein nebenamtlicher Schiedsrichter beim Fußball und hatte diesen richterlichen Befehlstrieb. Viele sagten zu Lau, was ist das denn für einer, der sich wie ein König dort oben aufspielt. Holen sie ihn runter!

Beruflich endete es bei ihm nicht gut, so dass er die Geschäftsführerstelle von Lau anstrebte, aber nicht bekam.

Solche Anekdoten gab es viele, aber Lau konnte sich auf manche Professoren, Konzerndirektoren und Unternehmensberater der Gesellschaft verlassen, die ihm zur Seite sprangen, aber auch mal ihre Meinung ihm sagten.

Ein zu hohes Referentenhonorar zahlte Lau immer und zwar durch Vergleich von der Aufwandsvergütung der Redner bei anderen sehr großen Veranstaltungen. Einführungsreden erhielten noch höhere Dotierungen.

Die Grundidee

Alle Menschen haben ein Bedürfnis sich mitzuteilen. Sie reden auch gern. Manchmal führt es zur Oberlehrerhaftigkeit. Zuhören gehört auch dazu.

Diese Tatsache ist oft der Grund ehrenamtlich gern in Gesellschaften und Vereinen mitzuwirken bzw. sie sogar zu gründen.

Da man dabei auch noch oft zu Präsenzveranstaltungen reisen muss, kommt einem das noch sehr entgegen. Denn im Grunde reist man auch dienstlich sehr gerne, schließlich ist es auch von der Einkommensteuer absetzbar. Nur drohende gesundheitliche Gründe und Alter, z.B. Netzhautablösungen und andere Augenleiden stehen dem Reisen entgegen.

Männer, heute auch mehr und mehr Frauen nehmen, wenn es vorzugsweise um fachliche Fragen und Themen geht, gern in Fachausschüssen teil.

Dies bot Lau für alle, also nicht nur für Mitglieder seiner Gesellschaft.

Nun, eine Sucht besteht darin, dass die Sitzungsintervalle immer kürzer werden und sich alle schon auf das nächste Treffen freuen. Manche waren so fleißig, dass sie Aufgaben gar nicht schafften, aber sagten: „Ich mache das schon".

Lau erkannte es natürlich und half dann gerne.

Um ein Abwarten der nächsten Sitzung zu umgehen und zu verkürzen, trafen sich Sitzungsteilnehmer noch zwischendurch. Es reichte bis zu freundschaftlichen Kontakten.

Eine noch größere Steigerung für besondere und aktuelle Themen ist die Planung von Workshops, Seminaren, Fachtagungen, Kongressen bis hin zu heute internationalen Weltkonferenzen meist nur noch in Englisch oder mit Simultanübersetzungen.

Jeder sieht nur Vorteile im Mitteilen, Lernen und Lehren, dem so genannten Erfahrungsaustausch. Es führt über diese „Denkfabrik" oft hin zur Geschäftsfeldplanung und Fusion.

Zäsuren kommen dabei auch heraus.

Die Redebeurteilung

Die kraftvolle Rede sollte eine Sache mit Erfolg von Mensch zu Mensch bzw. vor Menschen vertreten. Jeder Gedanke dient der Sympathiegewinnung und steht für aktives Zuhören.

Ohrenöffner zur Neugier sind Statements (nicht Labereien), dialogische Fragen, Thesen, Beispiele, Gags, Zitate, Anekdoten, Poenten und anderes.

Dulden (durchhalten) und geduldet werden (Ruhe bewahren) sind wirkende Mittel zum Erfolg.

Es soll hier keine Rhetorik beschrieben werden, aber das „Phrasen dreschen“ als hohe Redekunst sei kurz erwähnt.

Es ist ein automatisches Schnellformulierungssystem und stützt sich auf 30 selbst gemachte Schlüsselwörter in 3 Spalten.

Nach einer beliebigen dreistellig ausgewürfelten Zahl sucht man die entsprechenden Wörter in jeder von 3 Spalten mit 10 Wörtern aus.

Beispielsweise findet man folgende Schlüsselwörter oder man macht sich selbst die Spalten mit den Wörtern:

Die Nummern 477 und 000… ergeben z.B.
„Unsere progressive Wachstumspotenz braucht eine konzentrierte Führungsstruktur“ mit …

Diese Rede verleiht praktisch jedem Bericht eine von Fachwissen geprägte Autorität.

Keiner wird wissen, wovon geredet wird, aber niemand wagt es, es zuzugeben.

Spalte 1	Spalte 2	Spalte 3
0 konzentrierte	0 Führungs-	0 -struktur
1 integrierte	1 Organisations-	1 -flexibilität
2 permanente	2 Identifikations-	2 -ebene
3 systematisierte	3 Drittgenerations-	3 -tendenz
4 progressive	4 Koalitions-	4 -programmierung
5 funktionelle	5 Fluktuations-	5 -konzeption
6 orientierte	6 Übergangs-	6 -phase
7 synchrone	7 Wachstums-	7 -potenz
8 qualifizierte	8 Aktions-	8 -problematik
9 ambivalente	9 Interpretations-	9 -kontingenz

Schlüsselwörter für das „Phrasen dreschen“

Die Körpersprache

Sie tut ihr Übriges. Gestik steigert die Überzeugungskraft; Mimik und Haltung sagen viel aus. Botschaften werden mit Händen und Fingern ausgesendet.

Erste Augenblicke entscheiden über Sympathie, ohne es erklären zu können.

Körperbewegungen insgesamt senden Signale aus, also durch das Auftreten meist 90% für die Aufmerksamkeit.

Das Zuhören

Die Mienen der Zuhörer sagen viel, auch über das Zuhören.

Zuhören heißt aktiv ganz Ohr sein, Gefühle zurückhalten und auf Körpersprache achten ohne zu bewerten.

Richtig zuhören hängt mit verstanden werden zusammen. Noch bevor ein Wort gesprochen wird, können Gefühle die Qualität eines Gesprächs beeinflussen.

Bei Stress hört man weniger gut zu, was andere sagen. Schwierige Themen sollten im beruhigten bzw. im achtsamen Zustand stattfinden und nicht im hitzigen Wortwechsel.

Menschen brauchen das Gefühl, dass ihnen zugehört wird. So entsteht *Wertschätzung* und gute Zusammenarbeit.

Zuhören bedeutet auch Blickkontakt aufnehmen, nicken oder kurz mit „Hm“ oder „Ja“ bestätigen.

In einem von Lau selbst herausgegebenem Nachschlagewerk „Schreiben, Lesen, Zeichnen, Lernen, Lehren, Englisch rekapitulieren, verbale und nonverbale Kommunikation hat er als Checklisten dies ausführlich beschrieben.

Eine historische Anekdote

Um bei Vorträgen dem Vortragenden seine Redezeit anzuzeigen, gab es beim Vorgänger von Lau eine „Eule".

Dieses Gerät mit den Ausmaßen eines kleinen Kühlschrankes hatte drei Lampen: grün, gelb, rot.

Grün stand für Redezeit, gelb für Redezeit ist bald zu ende und rot für Redezeit ist zu Ende.

Für Lau war das Gerät zu groß und zu schwer, um es zum jeweiligen Vortragspult an verschiedenen Tagungsorten hinzuschleppen.

Viele ältere Industrieredner bemängelten das nicht Vorhandensein des Gerätes.

Professoren hatten aber von Natur aus ihre Redezeit - meist eine Dreiviertelstunde - schon als Vorlesungszeit verinnerlicht.

Bei Lau war es dann üblich sich eine Armbanduhr auf dem Rednerpult zu legen und vom Chairman durch Klatschen das Ende der Redezeit anzukündigen.

Heute hat man elektronische Geräte, z.B. das Handy mit vielen Zeitfunktionseinstellungen dafür.

Kuriose Dienstreisen zu den Veranstaltungen

Meist fuhr Lau mit dem Zug zu den Veranstaltungen und Sitzungen, die mehrmals pro Jahr in Berlin stattfanden.

Bei seinen Dienstreisen in den 80er-Jahren fuhr man noch durch die DDR. Lau hielt sich oft im Speisewagen oder in Bistroecken des Zuges auf.

Zweimal lernte er gesprächsweise Mitreisende kennen und war in Unterhaltungen vertieft.

Einmal merkte er nicht, dass an der Zonengrenze Reisewagons abgekoppelt wurden.

Er war froh, nicht sein Gepäck im Sitzabteil zu verlieren, da gerade dieser Wagon noch dran blieb.

Ein anderes Mal war Lau in einem Gespräch so vertieft, dass er an einem Bahnhofshalt, dort wo sein Auto bei der Zufahrt stand, nicht mehr rechtzeitig sein Gepäck zum Aussteigen holen konnte.

Was sollte er machen, als der Zug bereits wieder abfuhr?

Blitzschnell musste er entscheiden: Aussteigen ohne seine Aktentasche, die noch im Reiseabteil war, wo auch sein Vorsitzender saß und auch aussteigen musste oder weiterfahren, um seine Tasche zu retten.

Er entschloss sich geschwind auszusteigen, um am Bahnhof den Zugführer zu unterrichten, dass die Tasche beim nächsten Halt - noch bevor der Zug in der Schweiz ankommt – sichergestellt wird.

Lobenswerterweise hatte aber sein Vorsitzender die Tasche mit herausgenommen.

So entsetzt vor Freude konnte Lau die Tasche auf dem Bahnsteig in Empfang nehmen und es war so wieder alles in Ordnung.

Brasilienreise

Apropos Tasche und der gute Vorsitzender von Lau, der später sogar sein Freund wurde. Es gab wieder so einen Vorfall mit dem Gepäck von Lau in Sao Paulo.

Zunächst noch Anekdoten zu der Brasilienreise.

Als Einstieg zu seiner Podiumsrede benutzte Lau den Satz:

„Mein Arm ist so lang, er reicht bis nach Brasilien".

Dies kam so gut an, so dass sich alle diesen Satz merkten, die Rede aber nicht.

Ein Eklat gab es für Lau auf dem Zwischenstopp in Rio de Janeiro.

Dort versteckte er auf der Flughafentoilette erst einmal sein Geld im Schuh. Dies wohlweislich, da schon bei Ankunft Räuber lauerten, die ihn sogar bis auf die Toilette verfolgten.

Aber am ersten Rioabend ging Lau noch mal vor die Hoteltür. Es regnete. Lau hatte einen Knirps dabei und beide Hände abwechselnd oben.

Plötzlich kamen dort drei Mädchen auf ihn zu; eine von vorn und zwei von hinten. Ruckzuck hatten sie die Hosentaschen von Lau ausgeräumt, um Geld zu finden. Sie fanden ja keins, es war ja im Schuh. Ein Mädchen schrie nur, da sie sich dabei am Kamm an den Fingern verletzt hatte.

An der Copacabana wollte Lau am nächsten Tag mal baden gehen. Am ziemlich leeren Strand zog sich Lau aus, versteckte seine Sachen in einem Erdloch und ging zu dem Superstrand mit lang auslaufenden Wellen gut zum Surfen und Wellenreiten.

Doch es wurde ihm unheimlich, da er seine Sachen sogar mit dem Geld im Schuh aus den Augen verlor. Er ging zurück. Dort machte sich schon ein ganz Blonder an seine Sachen ran.

Es war kein Einheimischer, wahrscheinlich ein deutscher Abenteurer ohne Geld.

Lau kam gerade noch rechtzeitig zurück.

Noch Weiteres:

Abends in der Stadt sah Lau vor einer Bar Blutflecken von einem Schusswechsel.

In den Schmuckgeschäften gab es schüsselweise wertvolle Edelsteine, z.B. Aquamarine, bei denen er auch zulangte.

Am späten Abend ging er als leidenschaftlicher Tänzer in die Disco. Dort wurde Cha Cha Cha getanzt, jedoch nicht wie in Deutschland, sondern mit Vibration der Hüften.

Es muss noch der Zuckerhutaufstieg und der Corcovado 710 m hoher Berg im Stadtgebiet von Rio mit der 38 m hohen Christus-Statue von 1931 sowie der beeindruckende Zoobesuch bei den Giftschlangen erwähnt werden.

Taxis waren immer die weißen VW-Käfer auch für viele Personen.

Nun zu dem Taschenerlebnis

Auf dem Flug von Rio nach Sao, wo man immer mit dem Flugzeug hin und her fliegt, wie bei uns man mit der Straßenbahn fährt. Tickets gab es im Flugzeug. Es waren sogar Leute mit lebendem Geflügel in Körben im Flugzeug.

So, nun zur Hotelrezeption in Sao Paulo. Lau war rechtzeitig zum Auschecken mit seinem Gepäck dort. In dem Koffer und in der Tasche befanden sich viele Mitbringsel wie brasilianische Schallplatten, Tonfiguren und ein runder Bambuswandteppich mit Haifischzähnen dran.

Wegen der vorhandenen Zeit zur Abreise ging Lau noch mal in die Stadt, um sich die ca. halben Meter hohen Regenfluten, die als natürliche Stadtreinigung normal sind, dort anzusehen. Es flogen auch Käfer und Schmetterlinge in Vogelgröße umher.

Als er zurückkam war sein Gepäck verschwunden. Es ging nun eine Suchaktion los. Besonders am Flughafen, weil er dachte, das Hotel habe die Koffer rechtzeitig abgeschickt.

Im Flughafen gab es eine große Halle mit verlorenen Koffern in denen Lau rumwühlte. Unterhaltungen waren meist in Brasilianisch/portugiesisch und Lau in Deutsch/englisch.

Erst bei der Ankunft in Deutschland/Frankfurt a. M. erfuhr Lau, dass wieder sein Vorsitzender das Gepäck sicher mitgenommen hatte.

Als Dank schenkte Lau ihm die brasilianischen Schallplatten für seine Tochter, welche am Heimatbahnhof stand.

Prekäre Anekdoten von Dienstreisen

Von den rund 1000 Dienstreisen zusätzlich zu den Veranstaltungsreisen, also zu Sitzungen der Gesellschaft, kam es schon mal vor, dass einige Anreisen prekär waren.

Eine Sitzung auf Initiative von Lau zur Tagungsvorbereitung für das Geschichtsthema „Von der Mikrotechnik zum Micro Engineering“ mit dem Obmann „Geschichte der Elektrotechnik“, der Technischer Leiter eines großen Technik-Museums war, sowie mit weiteren hochrangigen Herren begann erst um 14:00 Uhr in Frankfurt a. M.

Lau fuhr sehr rechtzeitig von Düsseldorf los. Der internationale ICE hielt nur am Flughafen Frankfurt, so dass Lau dort ausstieg und umsteigen wollte, um zum Hbh-Frankfurt am Main zur Programmausschusssitzung zu fahren.

Beim Umsteigen kam Lau auf die Idee mit einem anderen Schnellzug vom Bahnhof Fft-Flughafen zum Hbh-Fft-Stadt zu fahren.

Zufällig stand ein Zug auf der anderen Seite des Bahnsteiges.

Lau prüfte noch, ob es der richtige Zug sei.

Durch Ausschilderung am Bahngleis stand Köln-Frankfurt und am Schild direkt im Zug stand Frankfurt Hauptbahnhof. Dies veranlasste Lau in ihm einzusteigen.

Leider fuhr die Bahn ohne Halt in die andere Richtung bis nach Köln zurück.

Lau rief die Sitzungsteilnehmer an und fragte, ob er nun überhaupt noch kommen solle. Dies wurde aber äußerst dringend erwünscht.

Lau traf durch die schnellen Zugfahrten und die vorherige mehrstündige Rechtzeitigkeit dann nur 1 ¼ Stunden zu spät ein.

Es war auch sehr wichtig, da der Programmausschuss sich auf einer falschen Fährte befand. Er hatte nur an mögliche Referenten gedacht und nicht wie Lau es vorschlug an den Black Box-Gedanken.

Er besagt:

Kommunikations-Eingabe – Themen als Black Box –
Kommunikations-Ausgabe.

Danach werden dann erst die Referenten ausgesucht.

Nun, eine erschwerte Kalamität bei den Hin- und Herreisen mit den Zügen bedeuteten die hohen Fahrtkosten für die zwei Anfahrten.

Beim zweiten Fahren von Köln nach Frankfurt konnte Lau dem Schaffner von seinem Unglück überzeugen, so dass er ein Auge zudrückte. Bei der Rückfahrt waren dann aber alle Abknipsungen ausgeschöpft.

Ein anderes Mal beriet Lau einen Amerikaner, den er abends im Münchner Hofbräuhaus kennen lernte, falsch. Die Bekanntschaft passierte über eine auffällig große Kuckucksuhr. Der reiche Weltenbummler hatte sie aus dem Schwarzwald als Reiseandenken gekauft.

Nach einem Maß Bier ist man bekanntlich schon sehr lustig und nach drei Litern fast betrunken. Als wir beide im Gesang aber nicht ins nächste Restaurant sondern zur Straßenbahnhaltestelle gingen, fragte der Amerikaner mit welcher Bahn er zu seinem Hotel komme. Lau schlug wohl in Benebelung irgendeine Bahn vor, so dass er garantiert in eine falsche Bahn einstieg.

Apropos Hofbräuhaus, was für Lau immer obligatorisch war, ebenso am Münchner Hauptbahnhof bei der Ankunft bayrischen Leberkäse zu essen.

Eines Abends lernte Lau am langen Tisch des Brauhauses eine Frau kennen. Beide tranken Bier und sie erzählte Lau, dass sie ihn scheußlich findet, weil sie heute mal einen Bayern mit Stiernacken und dicken Bauch kennen lernen wollte und nicht so einen sportlich schlanken großen Preußen.

Trotzdem begleitete Lau sie danach in der Dunkelheit zu Fuß zu ihrem Hotel. Dabei verlor er seine Armbanduhr.

Da sie relativ neu war, wurde Lau erst mal sauer. Er entschied aber, den langen Fußweg genau zurück zum Hofbräuhaus zu gehen und zu suchen. Ein Wunder, er fand sie sogar auf der halben Strecke wieder.

Eine große Leiterplatten-Tagung mit rd. 1000 Teilnehmern in einer süddeutschen Stadthalle mit mehreren Sessionen, Tagungsbüro, Ausstellungen, Posterschauen, Bücherstand, Fotoarbeiten mit nächtlichen Filmentwicklungen im Keller und nebenher noch weitere Fach- bzw. Gesellschaftssitzungen sowie Pressegespräche war sehr anstrengend.

Die Veranstaltung dauerte zweieinhalb Tage und ging fast rund um die Uhr. Beeindruckt hatte Lau das schnelle Verteilen des Mittagessens mit großen Plattenwagen.

So, nach dem Fahneneinholen ging es zurück zur Geschäftsstelle. Da es damals noch kein Navi gab, es zum Karten lesen meist zu dunkel war und in dem Glauben, er schafft die Strecke zur Autobahnzufahrt auch aus Erfahrung, fuhr er natürlich falsch. Leider entdeckte Lau es erst beim Tanken, dass er wieder mal in eine verkehrte Richtung fuhr, so landete er fast im Schwarzwald.

Eine verrückte Irrfahrt war es, wohl wegen Überlastung.

Vorfall bei einer großen Fachtagung

Der gebuchte Tagungsbüroleiter war kurz vor dem Tagungsbeginn nicht am Empfangstisch, um Teilnehmer zu begrüßen und Unterlagen, wie den Tagungsband der Vorträge, auszuhändigen.

Der Geschäftsführer war nicht befugt diese Aufgabe zu übernehmen. Da nun zeitnah vor der Tagungseröffnungsrede noch viele Teilnehmer auf den letzten Drücker dazu kamen, was üblich ist, entstand Tumult.

Kurz und entschlossen übernahm der ehrenamtliche Tagungsleiter die Tagungsbüroaufgabe und der Geschäftsführer Lau half ihm dabei, beide ohne Einweisung, z.B. zur Ausgabe der Berechtigtenplakette mit Prüfung der Bezahlung.

Der verantwortliche Chef des Tagungsbüros machte zu diesem Zeitpunkt einen Check Up der Vortragstechnik. Dies ist auch üblich, jedoch nicht jetzt.

Er hatte sich wohl geirrt, weil keine obligatorischen Empfangsdamen anwesend waren, weshalb auch immer. Trotzdem ging es reibungslos weiter.

Nur, dieser Vorgang hatte ein Nachspiel. Der erfolgreiche Zulieferunternehmer schrieb einen Beschwerdebrief an den Direktor der übergeordneten Organisation wegen dieser unangenehmen niederen Aufgabe. Seine Geschäftskunden dachten nämlich, er macht aber auch alles, sogar so etwas.

Er selbst fand diese Zeremonie der Begrüßung aber nicht so schlimm.

Zur Briefbesprechung wurde Lau und der Tagungsbürochef zum Direktor zitiert.

Der Leiter der Abwicklungsabteilung für Tagungen schilderte den Vorgang. Der Geschäftsführer zeigte dem Direktor einen Werbeausschnitt einer Fluggesellschaft mit dem Inhalt: Zum richtigen Zeitpunkt am richtigen Ort.

Darauf hin entstand ein Eklat im Direktorbüro bis der Direktor nun sagte:

„Was soll ich dem ehrenamtlich tätigen Unternehmer nun als Entschuldigung schreiben“?

Das Ergebnis hat der Geschäftsführer nie erfahren, sich aber mit dem Abteilungsleiter wieder vertragen, obwohl dieser sagte, dass lasse ich mir von Ihnen nicht gefallen.

Einzelne Veranstaltungen

Internationale Kolloquien

Vom weltgewandten Vorsitzenden, der schon als Professor in Madras/Indien und in Shanghai/China gelehrt hatte verstand es, alle führenden internationalen Universitätsinstitute zusammen zu führen.

Sie reichten über die oben genannten Kontakte bis nach Südamerika und zu den Ostblockstaaten.

Alle zwei Jahre fand in je einem anderen Land ein internationales Kolloquium statt. Das besondere in Sao Paulo/Brasilien wurde schon beschrieben.

Es gab ja in der 17 ½ -jährigen Geschäftsführertätigkeit von Lau noch neun weitere Treffs.

Sie fanden statt in

- Deutschland: München, Darmstadt, Illmenau, Chemnitz (Karl Marx Stadt)
- Holland: Eindhoven
- Schweiz: Lausanne
- Österreich: Wien
- England: London
- Dänemark: Kopenhagen

Die interessantesten für Lau waren in Lausanne im Schloss und in Groß Britannien mit „Toast of the Queen".

Fertigungstagung

Eine Kalamität für Lau

Lau war es mit einem Tagungsleiter gelungen, einen Technik-Professor mit besten Ruf, welcher später Vorstandsvorsitzender eines DAX-Konzerns wurde, als Referenten für eine Fertigungstagung an einer bedeutenden Technischen Universität zu gewinnen.

Jedoch hörte Lau eine lange Zeit nichts mehr von ihm, so dass er im Tagungsprogramm nicht aufgeführt wurde.

Zur Tagung traf dieser damalige noch Hochschullehrer aber mit einem gewaltigen Tross Assistenten ein und wollte seinen Vortrag halten.

Natürlich wurde er in das Istprogramm aufgenommen.

Nur war es in seinen Augen ein Fehler, dass er nicht im gedruckten Programm stand, welches der Geschäftsführer zu verantworten hatte. Ihm sagte er zum Schluss: Es wird noch ein „Nachspiel" geben.

Lau wusste, dass solche Leute nicht spaßen und er mit Kündigung oder mindestens mit Abmahnung rechnen musste, wenn dieser Vorgang bis zum höchsten Direktor vordringt.

Zufällig war dieser Professor auch im Präsidium der übergeordneten Organisation. So, nach der Tagung hörte Lau erst einmal nichts.

Wahrscheinlich wurde es hinter den Kulissen geklärt.

Lau hatte zu der Zeit mal einen seltenen Besuch vom Direktor bekommen, der mitbekommen hatte, dass die Geschäftsstelle überhaupt Vortragshonorare zahlt und noch zu schnell und meist zu hoch. Er empfahl deshalb jedoch nicht zur Eile.

Na ja, so ging der Beschwerdevorgang dann doch noch für Lau mit seinem „Schmerzensgeld-Verdienst" und Stress von allen Seiten glücklich aus.

Mikrotechnik

Erste Fachtagung nach der Wende

Lau machte wie zu jeder Tagung eine Tagungskalkulation. Dies betraf die Kosten der organisatorischen Belange.

Die fachliche Tagungsplanung geschah durch einen ehrenamtlichen Programmausschuss mit einem Chairman den Lau einrief.

Die erste Fachtagung nach der Wende vom 9.11.1989 noch in der DDR und vor der Wiedervereinigung DDR/BRD am 3.10.1990 war in Karl Marx Stadt späteres Chemnitz „Neuland" für alle.

Lau erstellte eine normale Tagungskalkulation mit unterschiedlichen Gebühren für Studenten, Professoren und Industrievertretern in starker Abstufung. Sie musste immer von der Führung genehmigt werden.

So, bei der Planung gab es Verzögerung, weil es neu war. Es waren schwierige Formalitäten zu erledigen.

Lau erhielt z.B. nach der medialen Tagungsankündigung Beschwerdebriefe über vortragende Professoren aus der DDR, die Assistenten wegen anderer politischer Meinungen schikaniert hatten. Fachliche Fähigkeiten wurden sogar in Frage gestellt, denn die Partei hatte in der DDR viel zu sagen.

Nun, der Terminplan wurde sehr eng. Darum schlug Lau vor, diese Fachtagung abzusagen. Es entwickelte sich noch schlimmer, weil fast ausschließlich die Tagung von Professoren aus Ost und West sie besuchten.

Mit den niedrigen Teilnehmergebühren für Professoren wäre es ein großes Minusgeschäft geworden. Deshalb schlug sogar der Tagungsleiter eine einheitliche durchschnittliche Gebühr vor.

Lau dachte an seine vom Direktor unterschriebene Kalkulation und wollte sie neu genehmigen lassen. Dies gelang aus terminlichen Gründen nicht. Der Direktor war sehr mit dem Aufbau Ost beschäftigt und viel unterwegs, sogar mit einem eigenen Werbebus. Nun wurde die Tagung ungenehmigt durchgezogen.

Sie verlief wie vorhergesehen sehr gut mit den Professoren. Sie konnten erstmalig gegenseitig Kontakte knüpfen. Bis dahin hatte man sich wie auf einer weißen Landkarte politisch behandelt.

Nach der Tagung gab es ein Eklat. Lau erhielt eine dringende Aufforderung vom Direktor, um sich bei ihm vorzustellen. Ihm wurde Unfähigkeit und Verstoß gegen Dienstvorschriften in Bezug auf die Teilnehmergebühren vorgeworfen.

Auslöser war ein Kollege, der auch eine erstmalige Tagung in der DDR mit höheren Gebühren durchführte und seine ehrenamtlichen fachlichen Tagungsplaner Lau für niedrigere Gebühren lobten.

Lau kam aber mit einem glimpflichen blauen Auge davon, da die Tagung doch noch kein Minusgeschäft war, sondern 0 auf 0 aufging und mit zukunftsweisenden Kontakten endete.

Es stellte also einen interessanten Vorgang von Lau mit Zivilcourage dar.

Gas Bearing Workshops

International werden auf dem Gebiet der mechanischen, fluidischen Mikrotechnik bis heute unter einem General Chair, Professor einer Berliner Hochschule, alle zwei Jahre in Kooperation mit „Dutch Society for Precision Engineering“ diese Workshops inklusive Lectures/Posters/Table Tops mit über 50 internationalen Teilnehmern durchgeführt.

Lau begann diese Zusammenarbeit mit den Holländern bereits 1989 mit einer gemeinsamen Tagung „Mikrotechnik / Microtec“ in Düsseldorf.

Foreword:
Gas Bearing Workshop in Düsseldorf

The Gas Bearing Workshop is aimed at creating a platform for the gas bearing community. Experts, scientists, research engineers, user and manufacturers/vendors in this field are invited.

Focuses of the workshop are ultra precision manufacturing, small, high speed spindles that are used in turbo machinery.
All bearing technologies will be present: the spectrum ranging from aerostatic to aerodynamic.

Antriebe in der Gerätetechnik

Zur Hannover-Messe organisierte Lau diese Tagung gemeinsam mit Verbänden der Elektrotechnik und dem Maschinenbau über die Fortschritte und dem Vordringen der Mikroelektronik in der Gerätetechnik.

Es treten ja elektronisch gesteuerte und geregelte Einzelantriebe immer stärker an die Stelle zentraler Antriebe mit Getriebeverzweigungen.

Betroffen sind hiervon die Antriebe in der Daten- und Büromaschinentechnik, bei Phono- und Videogeräten und in Haushaltsgeräten.

Eine Zusammenarbeit zwischen Herstellern von Motoren, elektronischen Schaltungen und elektro-mechanischen Komponenten für Geräte soll hiermit gefördert werden.

Hannover-Messe Industrie

Sonderschau „Mikrostrukturtechnik"

Lau bekam den Direktionsauftrag, eine Beteiligungsschau in Hannover 1986 zu organisieren. Er wählte das Thema Mikrostrukturtechnik, das sich später mit Mikrosystemtechnik noch besser beschrieben ließ.

Als Mitveranstalter holte er ein Technologiezentrum aus Berlin dazu.

Typische Leiterplattentagungen

Also, beim Frühstück im Hotel fing es so an, dass Lau sehr introvertiert alleine am Tisch saß. Anwesende Tagungsteilnehmer wunderten sich sehr, dass er nicht extrovertiert sei und so einer Eventmanager sein soll. Er war aber Zwilling vom Sternzeichen her und konnte so oder so sein.

Müdigkeit vom Vorabend trug auch dazu bei, denn er tanzte ja abends sehr gerne, was andere Teilnehmer auch taten und Lau dort trafen.

Nun, im Tagungsbüro angekommen ging die Begrüßung, besonders der ihm aus der Gesellschaftsarbeit Bekannten, los. Für eine Hilfe zur Registrierung und Unterlagenausgabe hatte Lau stets Hilfe aus der Dachorganisation bestellt.

Dann beim Vortragsbeginn saß er immer in der ersten Reihe außen.

Hier wurde er schon mal aufgefordert, die Heizung wärmer zu stellen und die Mikrofonanlage anders einzustellen. Oft schrieen welche aus den hinteren Reihen, dass der Redner zu leise und unverständlich sei.

Pausengespräche im Foyer waren obligatorisch. Viele machten Fotos.

Sogar Flirts bis hin zu Verabredungen fanden statt sowie übliche Werbegespräche, um Aufträge zu erhalten.

Manchmal ging Lau zu bedeutenden Unternehmern in die Reihe und fragte nach dem inhaltlichen Gehalt der Vorträge, weil damals das Kleben der elektronischen Bauteile auf Leiterplatten (OMD) begann, statt sie zu löten. Heute gibt es elektrisch leitende Klettverbindungen.

Als Antwort von internationalen Firmeninhaber oder deutschen Großinvestoren, z.B. die das elektronische Mautsystem in Österreich eingeführt hatten, erhielt Lau, dass es mit dem Vortrag schlecht übermittelt wurde, aber man ja den vom Geschäftführer hergestellten Tagungsbericht zum Nachlesen habe.

So entwickelte Lau mit den ehrenamtlichen Experten internationale Tagungsreihen mit großem Erfolg.

Bis zum Ende seiner Dienstzeit wuchs die Teilnehmerzahl auf rd. 1000 je Tagung und im Jahr 1996 beim Weltkongress sogar auf über 3000 an.

Einmal sagte der Vorsitzende von Lau zu einem Führungsstab der Leiterplatte den unliebsamen Satz:

Treten Sie doch mal den Geschäftsführer ordentlich auf die Füße.
Darauf kam die Antwort:

Er hat aber so große Füße.

Dies war eine gute Geste für Lau und alle mussten lachen.

Flexible Leiterplatte

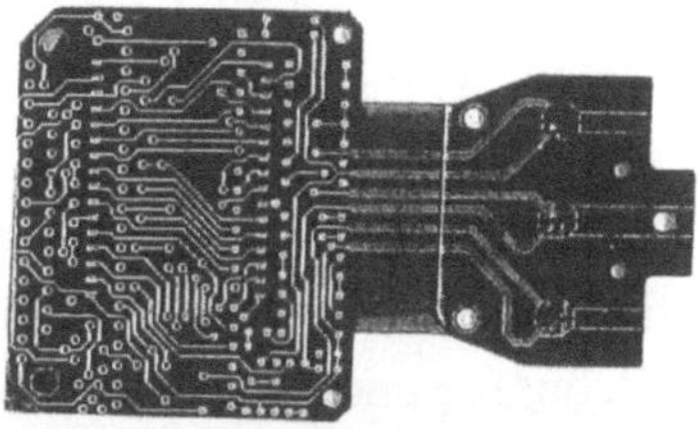

Bestückungsautomat

Brisantes Pressegespräch zum Jubiläum „Zehn Jahre Gesellschaft Mikrotechnik“

Es wurden Vorträge zur Geschichte der Mikrotechnik, zu Entwicklungstendenzen und von Lau eine Zukunftsperspektive gehalten und mit anschließenden Diskussionen, der am 1.12.1986 in Frankfurt am Main zahlreich erschienen Pressevertreter, durchgeführt.

Lau betonte seine produktorientierte Gesellschaft.

Mit bedeutenden Selektionskriterien wie Affinität zu seiner Gesellschaftsarbeit,

hohe Produktionswerte dieser Branche,
Präzisionsfertigung,
geringer Ressourcenbedarf und
geringe Umweltbelastung

mit hoher Beschäftigtenzahl und guter Exportquote unterstrich er seine Randbedingungen.

Ganz viele Produkte und Technologien hob er hervor, z.B. Faser- und Laseroptik, Aufbausysteme, Sensoren, Aktoren, Solartechnik, Batterien, Leuchten usw.

Zum Schluss wurde nur Lau befragt, ob es Arbeitsplätze schafft, was für die Presse zu der Zeit sehr aktuell war.

Mit Zivilcourage und fast mit Tumult behaftet verneinte er es.

Er begründete es mit seinen betriebs- und volkswirtschaftlichen Kenntnissen. Die ganze Pressekonferenz sprengte Lau damit.

Einige weibliche Presseleute retteten es noch, indem sie sagten, dass es doch, wegen der Feinheit, eine Branche für Frauen sei.

Japan liegt doch insgesamt vorne, wohin viele Produkte abwanderten, z.B. Fotoapparate.

Printed Circuit World Convention

Im Namen der Gesellschaft begrüßte Lau die Teilnehmer 1996 in Basel. Es galt für ihn als eine Sonderaufgabe.

Dies ging auf Kontakte zu einem in Italien lebenden Deutschen zurück. Er lud die Leiterplattenvertreter der Welt, besonders die aus den USA und Japan zu einer Programmausschusssitzung nach Paris ein.

In Paris schrie ein Amerikaner Lau an: „What is the risk?“ Er meinte, warum das kleine unbedeutende Deutschland Mitveranstalter sei.

Lau sagte nur kleinlaut, dass er die Adressen zur Einladung der Teilnehmer habe.

Der „Italiener“ sprang ihm aber zur Seite und betonte die erfolgreichen Leiterplattentagungen von Lau in Karlsruhe nahe Basel.

Nebenbei:

Basel wurde gewählt, weil in der Schweiz einige Golf spielen wollten. Die sehr reichen japanischen Unternehmer waren mit jungen Partnerinnen anwesend. Sie waren alle üppig mit Gold behangen.

Interessant waren auch die Begegnungen der Amerikaner mit den Japanern, die sich im 2. Weltkrieg noch bekämpft hatten, was zur Sprache kam.

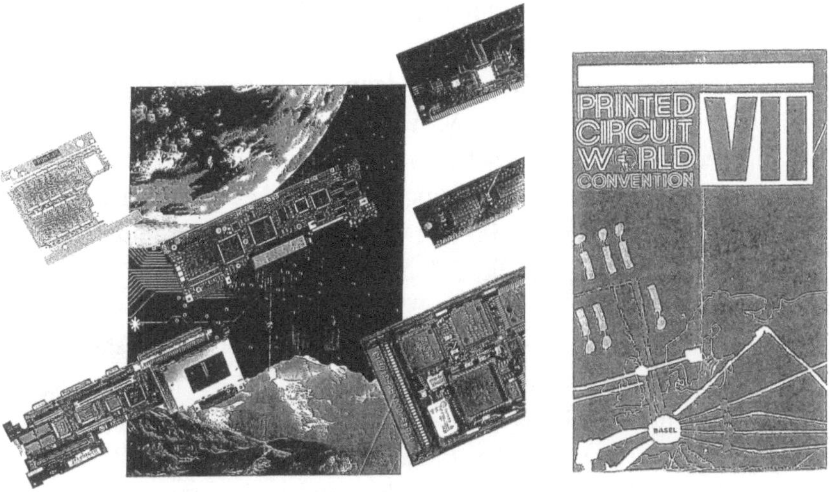

Begrüßungsprogramm

Einen Weltkongress „Elektromobilität“

Mit dem Thema „Mikroelektronik im Kraftfahrzeug / Automotive meets Electronics“ schlug Lau zu einem späteren Zeitpunkt der übergeordneten Organisation einen Weltkongress vor, ähnlich der „Printed Circuit World Convention“.

Dies mit führenden internationalen technischen Vereinen, Verbänden und mit staatlichen Stellen. Es verlief leider ohne Antwort im Sande.

Micro-Engineering-Kongress
und Ausstellung für Mikrosysteme und Präzisionstechnik

Die Gesellschaft Micro Engineering trat bereits 1994 und 1995 auf einer internationalen Messe mit einem Kongress in Süddeutschland auf.

Lau war erst ideeller Träger und dann seine übergeordnete Organisation vollverantwortlicher Mitveranstalter.

Eine Präsentation der Gesellschaft fand statt. Dieses Wahrnehmen und das Demonstrieren der Technologie, z.B. durch Optikunternehmen, Kernforschungszentren und Firmen der Mikrosystemtechnik sind überaus wichtig für die Zukunft von Industrie und Wirtschaft in Deutschland

Es gab auch einen ersten europäisch-asiatischen „Workshop on mechatronics“ als zusätzliches Highlight.

Gerade mit der Mikrosystemtechnik kann die deutsche Industrie auf ihre traditionellen Stärken bauen. Es gilt, den bestehenden deutschen Technologievorsprung durch Firmen, Forschungsinstitute und mit einem BMFT-Förderprogramm (1994 – 1999) zu halten und auszubauen.

Die ganzheitliche Know-how-Umsetzung von der Herstellung der Fertigungseinrichtungen und den Materialentwicklungen sind neben den Mikrosystemen und Produkten auch wichtig.

Es muss also gelingen, die Mikrotechnikausrüstung, z.B. nach Japan und in die USA zu liefern, statt umgekehrt zu beziehen.

Anwenderorientierte Branchen sind:

Automobil-, Chemie-, Medizin-, Umwelt-, Automatisierungs- und Kommunikationstechnik.

Schlussbemerkungen

Handschriftliche Briefe

Lau schrieb als Geschäftsführer gerne zu besonderen Anlässen öfters mit der Hand verfasste Briefe:

02.11.1979	Eine Einladung erhielten alle Institutsmitarbeiter der TU-Berlin zur Verabschiedung nach seiner wissenschaftlichen Mitarbeiter- und Doktorandenzeit im Telefunkenhochhaus. Er hielt dabei einen Vortrag, der seine Motivation anriss und geschichtlich durch die Nachkriegszeit einzuordnen war.
Herbst 1979	Mit einer Einladung zum Einstand in seiner Gesellschaft mit allen Kollegen in der übergeordneten Organisation gab Lau die Losung raus: „Auf geht´s /let's go“. Er meinte damit die Arbeit in allen Fachbereichen und Ausschüssen der Gesellschaft.
18.02.1982	Eine aufrichtige Anteilnahme zum Ableben des tatkräftigen und unternehmenden Geistes der Gaußschule Berlin versicherte Lau ihm. Die menschlich und fachlich hervorragende Persönlichkeit wird eine Lücke hinterlassen. Wir werden ihm stets ein ehrendes Andenken bewahren, was sich zurzeit in einer Technikbewertung konkret ausdrückt. Mit stillem Gruß Lau

01.06.1983	Lau feierte groß seinen 40. Geburtstag in der Geschäftsstelle.
25.06.1984	Der Familie des wichtigen ehemaligen Oberbaurates der Gaußschule, bei dem Lau auch Vorlesungen noch in der Technikerabendschule hörte, übersendete Lau allerherzlichstes Beileid. Zur Erinnerung und Ehrung sind einige Kapitel im Buch „Technische Regeln und Lebensqualität" von Lau verfasst worden.
06.1984	Zum 80. Geburtstag erhielt der Verfasser des Standardwerkes der Gesellschaft „Feinmechanische Bauelemente" herzliche Glückwünsche. Eine Antwort gab es aus Dresden nicht.
26.02.1985	Dem fünfundsiebzigjährigen Geburtstagskind beglückwünscht Lau seinem Vorgänger zu seinem Geheimnis, wie man jung und elastisch bleibt (→ fröhlich bleiben).
07.08.1985	Mit einem Brief zur Ausstellung von Ölgemälden des Bauingenieurs „Vater" des Computers Z1 bis Z4, der die erste programmgesteuerte Rechenanlage der Welt ab 1936 in Berlin baute, kaufte sich Lau das Bild „Fernöstliche Vision". Lau bekam von Zuse ein persönlich unterschriebenes Zertifikat dazu.
19.12.1994	Die besten Wünsche zum Weihnachtsfest und zum Neuen Jahr erhielt von Lau ein Herr, den die Ge-

sellschaft durch seinem vehementen Leiterplatten-engagement noch seine jetzige Daseinsberechtigung verdankt.

24.02.1998 Der Vorgänger von Lau erhielt die besten Wünsche zu seinem 88. Lebensjahr mit der Schilderung der weiteren Entwicklung der Gesellschaft.
Bleiben Sie uns gewogen und in alter Frische wurde ihm zugerufen.
Er starb kurz darauf und ließ in der Kirche „This is my way“ von Frank Sinatra spielen.

22.11.2001 Der nachfolgernde Professor Dr., Dr. h.c. an der TU-Dresden des 1984 Achtzigjährigen erhielt von Lau wunschgemäß einen Brief mit Hinweisen auf die Literatur zur elektr(on)ischen Gerätetechnik.
Medien sollte man heute in Form von Interviews oder Dokumentationen einschalten, riet Lau ihm.

Lau erhielt auch sehr viele handschriftliche Dankschreiben, oft als Rückantworten.

Hervorgehoben wurde dabei stets die gute Zusammenarbeit. Der Tenor war immer, dass es allen viel Freude bereitete.

Bücher

Standardwerke der Micro Engineering

Lau verfügt über die meisten Grundlagenwerke von der Micro Engineering, insbesondere von der historischen Mikrotechnik, die ihm als jungen Geschäftsführer oft übergeben wurden:

Alle Buchpublikationen werden hier anonym genannt:

Atlas „Konstruktionselemente der Feinmechanik“, Fachschule für feinmechanische Technik, Loseblattsammlung 1922 bis 1928

„Bauelemente der Feinmechanik“ 1929, Pionierleistung mit über 50.000 in vielen Sprachen gedruckten Büchern, 8. Auflage VEB-Verlag Technik, Berlin 1958

„Einfache Getriebe“, C. F. Winter'sche Verlagshandlung, Füssen 1956

„Feinmechanische Bauelemente“, Ein DDR-Lehrbuch, VEB-Verlag Technik, Berlin 1971

„Konstruktionselemente der Feinmechanik“ Carl Hanser Verlag, München und Wien und VEB-Verlag Technik, Berlin 1989

„Handbuch Feinwerktechnik“, Verlag Düsseldorf, Loseblattsammlung Technischer Regeln ab 1956 von Lau und seinem Vorgänger

„Montagetechniken in der Elektronik“ Seminarbericht 1981

„Feinwerkelemente“, Carl Hanser Verlag München Wien 1992

„Bericht 777 Mikrotechnik ´89“, Tagungsbericht, Verlag, Düsseldorf 1989

„Mikromechanik“, Springer Verlag 1989

„Fabrication of microstructures with high aspect ratio, LIGA-process“, Microelectronic Engineering 4/1986

“Mikrostrukturtechnik und Mikrosystemtechnik“ Zeitschriftenartikel Carl Hanser Verlag, München Wien ab 1986

Bücher von Lau als „Mitautor“

Die Buchveröffentlichungen von Lau neben sehr vielen anderen Publikationen wie Denkschriften, Ausbildungsschriften und Mitgliederinformationen waren gewünschte Mitautorenschaften zu fachlichen Grundlagenthemen.

Außerdem sollte Lau der Herausgeber eines jahrzehntealten Jahrbuches für Feinmechanik und Optik eines Berliner Verlages werden. Dies wurde als zu zeitaufwändige Nebenbeschäftigung abgelehnt.

	ISBN:
Handbuch technischer Arbeitshilfen. Düsseldorf: Verlag 1980	3-18-400465-1
Technische Regeln und Lebensqualität – Analyse technischer Normen und Richtlinien. Düsseldorf: Verlag 1984	3-18-400624-7
Lexikon der Mess- und Automatisierungstechnik. S. 185 Feinwerktechnik, S. 208-209 Gesellschaft, S. 382 Mikrotechnik Düsseldorf: Verlag 1992	3-18-400895-9
Lexikon Maschinenbau. S. 348-350 Feinwerktechnik, S. 735-740 Leiterplatten-Technik: Lp-Bestückung, Lp-Fertigung, Lp-Test Düsseldorf: Verlag 1995	3-18-401372-3

ISBN:

Geschäftsfeldplanung.
Landsberg: Verlag Moderne Industrie 1995 3-478-91360-8

Jahrbuch für Optik und Feinmechanik. Berlin:
Verlag Schiele & Schön:

1996 43. Jahrg. S. 129-139
Geschäftsfeldplanung. 3-7949-0598-2

1997 44. Jahrg. S. 290-291
Aus der Regelsetzungsarbeit 3-7949-0612-8

1999 46. Jahrg. S. 259-264
Technische Regeln: Orientierungshilfe und
Begleitung technischer Entwicklungen. 3-7949-0634-9

2009 55. Jahrg. Görlitz: Optik-Verlag
S. 227-236 Schreibtipps –
Eine Checkliste für Verfasser. 978-3-7949-0781-6

2011 57. Jahrg. Görlitz: Optik-Verlag
S. 247-253 Lerntipps –
Eine Checkliste für das lebenslange Lernen. 978-3-7949-0817-2

Bücher von Lau

Planung des optimalen Einsatzes
technischer Arbeitshilfen in der industriellen Fertigung.
Düsseldorf: Dissertationsdruck D83 1979

Arbeits-, Fertigungs- und Montagetechnik in der Elektronik.
Bergische Universität GHS FB 13 Elektrotechnik
Wuppertal: Vorlesungsskript 1995

Ein Student in der langen Sonnenallee.
Frankfurt am Main: public book media verlag 2021
978-3-8372-2480-1

Lau bekam auch nicht unerhebliche Honorare für seine Buchveröffentlichungen, z.B. vom Bundesministerium für Forschung und Technologie, von der Stiftung Volkswagen, von den Universitäten Berlin / Wuppertal, von Unternehmensberatern und von Verlagen.

Weitere Bücher

Erwähnenswert sind für die Gesellschaftsarbeit noch folgende Schriften:

„Kunststoff-Physik im Gespräch"
BASF, Badische Anilin- & Soda-Fabrik AG, Ludwigshafen am Rhein

„Report der Gesellschaft" 1998, Druckhaus Thomas Müntzer, Bad Langensalza

Die Geschichte „Elektronik-Design"
Von der Einführung als akademisches Lehrfach an der TU-Dresden bis zur Gegenwart, 2009, Dresden

„Festschrift"
Beiträge des Festkolloquiums Technische Universität Darmstadt am 24.10.2014
Elektromechanische Konstruktionen (EMK), typographics GmbH, Darmstadt

„Positionspapier Mikrosystemtechnik" Techniktrends, Standortposition, Perspektiven, Kellermann • Graphik Design. Frankfurt / M.

Vorwörter

Viele Vorwörter in Büchern schrieb Lau.
64 Vorwörter für die Tagungsberichte verfasste er.
Als Förderer stand Lau in den Vorwörtern der Bücher „Lärmminderung im Gerätebau“ und „Test von Leiterplattenbaugruppen“ sowie in den Entwürfen der 124 Technischen Regeln, die in drei Handbüchern zusammengefasst wurden.

Nebenberufliches von Lau:
Ein Lehrauftrag an der Universität

Schon zu Beginn seiner Geschäftsführertätigkeit machte Lau aus seiner Dissertation ein Weiterbildungsseminar „Montage in der Mikrotechnik“, veräppelt als Mon tage in der Mikrotechnik. Die Teilnehmerzahl über 100 glich einer Fachtagung.

Der Lehrauftrag entstand vielleicht auch daraufhin und auf seinen REFA-Grundschein für Arbeitsstudien 1. und 2. Stufe.
Der Ruf war in der nächstgelegenen Universität für das Pflichtwahlfach „Arbeits-, Fertigungs- und Montagetechnik in der Elektronik“ mit zwei Semesterwochenstunden.

Den Vorlesungsinhalt des gut vergüteten Lehrauftrages gliederte Lau in folgende Themen:

1. Einführung, Literaturhinweise neben verteiltes Skript
2. Von der manuellen über teilautomatisierte zur vollautomatischen Fertigung/Montage
3. Verbindungstechnik; Fügen in der Elektronik; Vorgabezeit; Wirtschaftlichkeit und Platzkostenrechnung; Beeinflussung der Arbeitsproduktivität durch Funktionselemente und Prinzipien
4. Gliederung der technischen Arbeitsmittel

5. Bewertung und Auswahlmethode von Arbeitsmitteln, z.B. durch Handschließkräfte
6. Laserprinzip und Lasereinrichtungen sowie Anwendungsbeispiele
7. Lötfreie elektrische Verbindungen von Drähten und Litzen: Wire wrap, Crimp, Termi-Point, Schneidklemmverbindung
8. Elektronenstrahlverfahren und Anwendungen
9. Funkenerodieren und Anwendungen
10. Ultraschallschwinger und Ultraschallmaschinen, Anwendungen, Ultraschallprüfmethoden
11. Herstellung von Planarstrukturen: Druck-, Lithographieverfahren und Ätztechnik
12. Leiterplattenfertigung in Theorie und Praxis (Firmenbesuch)
13. Dickschicht-, Dünnschicht- und Hybridschaltungen
14. Moderne Produktionstechniken; Handhabungssysteme durch Industrierobotereinsatz, Zusammenfassende Wiederholung

Der Aushang beschrieb die Gründe der Vorlesung.

Der Text dazu lautete:

Neue Technologien und die Kombination von physikalischen, chemischen und feinmechanischen Prozessen in Verbindung mit zunehmender Miniaturisierung und Präzision rücken immer stärker in den Vordergrund. Die maschinenbauorientierte Fertigung weist nur wenige Berührungspunkte mit den neuen Methoden und Verfahren in der Elektroindustrie auf.

Deshalb wird diese Vorlesung angeboten, die auch vom ZVEI empfohlen wird.

Die angesprochenen Zielgruppen sind studierende der Elektrotechnik, Sicherheitstechnik, Konstrukteure und Fertigungsingenieure.

Das Interesse der Studenten an dieser Vorlesung hatte folgende Gründe:

- Praxisbezug zur industriellen Fertigung
- Fertigungsverfahren in verschiedenen Mechanisierungsgraden
- Allgemeingültige Prinzipien und Funktionselemente zur Arbeitsgestaltung
- Gliederung und Bewertung von Arbeitsmitteln
- Physikalische Grundlagen, Geräteausführungen und Anwendungen von modernen Verfahren, wie Laser-, Elektronenstrahl-, Wasserstrahl-, Druck-, Lithographie und Ätzverfahren, Elektroerodieren und Ultraschall
- Leiterplattenfertigung
- Arbeitsproduktivitäts- und Wirtschaftlichkeitsberechnungen
- Handhabung mit Industrierobotern

Durch den Aushang und Rundsprache unter den Studenten der Universität bekam Lau immer viele Zuhörer, z.B. am 23.10.1995 für das Wintersemester 95/96 laut Anwesenheitsliste 23 Teilnehmer.

Lau wendete für seine Beliebtheit auch Tricks an.

Die eigentlich wöchentlich, doppelstündig stattfindenden Vorlesungen führte er auch wegen seiner vielen Dienstreisen schon mal als zusammengelegte Blockvorlesungen durch.

In der ersten Vorlesung verriet er, dass in der letzten Vorlesung eine Prüfungsvorbereitung stattfinden wird.

So hielt er die Studenten zum Durchhalten bei der Stange.

Die Prüfung gestaltete er als „Lotteriespiel durch Aussuchen verdeckter Prüfungsfragen.

Lau bereitete für die immer in Vierergruppen mündlich abgehaltenen Prüfungen im Beisein eines anderen Professors vier leere DIN

A3-Blätter vor. Auf diesen stand das Thema zur zeichnerischen Darstellung der Prinzipien:

Laser
Ultraschall
Funkenerodieren
Elektronenstrahl

Die mündlichen Fragen waren:

Laser: Woraus ergibt sich die Länge des leuchtfähigen Mediums?

$l = x \text{ mal } \lambda / 1/2$
λ Rubin = 0,69 µm
λ CO2 = 10,6 µm

Warum muss beim CO2-Gaslaser der Resonator gefaltet werden?
Anwendungen?
Ultraschall: Arbeitsstelle mit größter Amplitude; Anwendungen?
Prüfungsmethoden?
Funkenerodieren: Anwendungen?
Elektronenstrahl: Dringen Elektronen wegen Masse und Energie tiefer in die Oberfläche als Photonen beim Laserlicht ein?
Wie sieht schematisch die Einwirkung im Werkstück aus?
(Kegelförmig)
Anwendungen? (für alle Werkstoffe)

Nach dem Skizzieren der Strahler wurden weitere Antworten reihum abverlangt:

Kurvendiskussion: Fertigungszeit zu Investitionskosten mit dem Punkt „arbeitstechnischer Sättigungsgrad“
Schraubprozess: Teilvorgänge, Arbeitsmittelgruppen
Kleben: Handhabungsfunktionen, Handhabungsvollzug
Isolierhülsen auf Drahtenden fädeln: bei Massenproduktion
Entlötgeräte

Gliederung technischer Arbeitsmittel für die Montage: a), b) c) …
Verwendung, Familie, passive/aktive…
Funktionselemente für die Arbeitsproduktivität/Wirtschaftlichkeit. Gestaltungsprinzipien der Funktionselemente: Vorgänge, Verfahren, Methoden, Mechanisierung…
Wie würden Sie ein Arbeitsmittel auswählen? (mit der Profilmethode)
Formel: erträgliche Handschließkraft für Zangenarbeit (s. ISBN 3-18-400465-1)
Lötfreie elektrische Verbindungen
Roboter: Gründe für den Einsatz
Leiterplatten: Subtraktiv- und Semiadditiv-Verfahren
Druck- und Lithographieverfahren
Dickschicht- und Dünnschicht-Schaltungen (Pasten einbrennen)

Nach den mündlichen Fragen, warteten dann zur Notenberatung bis zu ihrer Bekanntgabe die Studenten vor der Tür. Alle erhielten meist eine gleich gute bis sehr gute Note.

Auf die Fragen wurde auch in den Vorlesungen vorbereitet, z.B. bei der Lasererklärung von Lau flog regelmäßig die Kreide durch den Hörsaal, wenn der Lichtstrahl den halb verspiegelten Spiegel aus den Resonator verließ,

Einmal ärgert sich Lau bis heute, dass er nicht noch eine Note unter 1 vergab. Denn dieser Student konnte die Lasertechnik von der Quantenphysik her so gut erklären, wodurch Lau nur ins Staunen kam. *Einschub*: Ein Habilitationsverfahren (aus altersgründen eingestellt) strebte Lau mit diesen Buchinhalten an.

Sportliche Aktivitäten von Lau

Da Lau in einer naturnahen Kreisstadt wohnte, bestand die Möglichkeit vieler sportlicher Aktivitäten.

Zuerst lernte er Schlittschuhlaufen. Es war auf einer Tartanbahn in der bergigen Stadt, d.h. sie ging bergauf und bergab. Dies war mit einem rigadeutschen Schuldirektor nicht so einfach. Mit einem Stuhl oder Besen als Stützhilfe ging es aber. Es führte sogar bis zum Rückwärtslaufen.

Dann wurde an freien Wochenenden viel gewandert. Die Mitgliedschaft in einem Wanderclub brachten Lau viele Wandernadeln ein. Sie bezogen sich auf die Streckenkilometer. Er hatte insgesamt in mehreren 25 km- Wanderungen 10-mal Gold für je 150 km, die als Eintrag im Wanderpass standen, geschafft.

Sportbelege

Da jetzt beim früheren Berliner Segler und Kanute alles zum Laufen führte, ging er jeden Sonntag um 9:00 Uhr zum Lauftreff. In der Gruppe 8 km in einer Stunde machte er mit. Die 10 km pro Stunde zogen vorwiegend die Japaner durch.

Das Laufen steigerte Lau bis zum Großstadtlaufen, zum Berg- und Tal-Waldlaufen und dann zum Höhepunkt eines Marathonlaufs in Berlin mit über 40000 Teilnehmern.

Das deutsche goldene Sportabzeichen mit Werfen, Laufen (Kurz- oder Langstrecke), Springen (weit oder hoch) errang er insgesamt 25 Mal, oft als Familiensportabzeichen.

Sein Sohn sollte Leistungssportler werden, was Lau ablehnte.

In den Bergen lief Lau auch Ski, aber nicht gerne wegen der Stürze. In der Kleinstadt tanzte er gerne im Club. Mit Kollegen spielte er Volleyball. Im Schachclub gab es interessante Partien, z.B. mit dem Direktor.

Technische Zukunft / Ausblick

Die Digitalisierung

Lau gehörte zur „Ursuppe" der Digitalisierung. Schon in seinem Studium und in der wissenschaftlichen Universitätsarbeit war der Computereinsatz seit Ende der 60er-Jahre noch mit einem Lochkartenfile eine Pflicht.

Anfang der 80er-Jahre waren in Büros die elektrischen Schreibmaschinen vorhanden.

Mitte der 80er-Jahre ersetzte man sie durch Computer, also die mit großen Untertischkästen, klobigen Bildschirmen und Tastaturen mit Maus.

Bis 1990 wurde der Computer von den Sekretärinnen fast nur als Schreibmaschine benutzt. Erst danach um 1996 zogen Programme mit Internet und Intranet ein.

Daraufhin fielen oft den Geschäftsführern die Sekretärinnen weg. Sie wurden meist Sachbearbeiterinnen. So ging es auch Lau. Er musste deshalb sogar selbst Protokolle schreiben und möglichst schnell verschicken.

Zum Suchen und Finden gibt es Google, Wikipedia u.a.

KI ist seit 11/2022 mit ChatGPT nach Wahrscheinlichkeiten und GenKI lernbasiert aktuell.

Zum Informieren und Mitteilen dienen Facebook, X (vormals Twitter), TikTok, Instagram, Netflix u.a.

Spracheingaben sind üblich, z.B. im Handy mit WhatsApp und fürs Navi.

Als Einschub

Es sei hier noch erwähnt, dass bei den Jugendlichen Mitte der 80er-Jahre der Atarie-Homecomputer sehr beliebt und verbreitet war. Der Sohn von Lau, heute Universitäts-Laboringenieur, programmierte in vielen Stunden ein Programm im Alter von 15 Jahren, damit er mit anderen Ataribenutzern kommunizieren konnte.

Leider hatte der Atarie dann ausgedient, als das Programm fertig war. Der Gründer von Microsoft, Bill Gates, eroberte mit Windows die Welt. Er verdient zzt. pro Sekunde 90 Dollar.

Das Handy zog noch viel später bei jedem ein, Das Motorola-Handy gab es ab 1983. Das Smartphone, auch von Apple, verbreitete sich noch viel später, erst 2007. Heute nutzen es alle zu jeder Gelegenheit.

Vor drohenden Augenleiden warnte man damals schon, denn der Computerbildschirm und das Handy haben scharfe helle Lichtquellen.

Lau hatte noch 2007 ein klappbares Handy ohne Internet, aber für SMS statt E-Mails.

Kurios ist anzumerken, dass der Vorgänger von Lau noch auf die alte mechanische Schreibmaschine schwor, weil man mit ihr Formulare gut ausfüllen konnte.

Heute werden Formulare aus dem Netz gezogen und dort bereits ausgefüllt und verschickt, z.B. für Online-Behördenvorgänge.

Zukunft der Glasfaser

Vom Kupfer aus Kaisers Zeiten zum Glas sind heute die Wege für das Internet „Fibre to the home“ mit einer rasanten Highspeed-Geschwindigkeit von bis zu 1000 Mbit/s.

Die Vorteile von Glasfasern sind die hohen Datenraten und die hohe Reichweite mit geringer Dämpfung sowie weniger Energieverbrauch.

Der Staat und die Länder helfen beim Breitbandausbau, z.B. für TV und PC.

Deutschland liegt aber zzt. noch weit zurück. Die nordischen Länder liegen vorne, also deshalb agieren und nicht reagieren.

Die Wichtigkeit der Künstlichen Intelligenz (KI)

Es gibt schon jetzt viele KI-Kompetenzzentren, die für lernende Systeme als Schlüsseltechnologie gefördert werden.

Bereits über hundert KI-Professuren sind besetzt. Über 200 KI-inklusive Data Science – Studiengänge sind an deutschen Universitäten und Fachhochschulen etabliert.

Im Englischen heißt es Artificial Intelligence (AI).

Gerade im Hardware-Bereich, was die Gesellschaft Micro Engineering besonders betrifft und auch auszeichnet, sollte nach Meinung von Lau zukünftig stark eingegriffen werden. China liegt hier vorne, vor allem mit Publikationen.

Deutschlands Stärke bei KI ist die Robotik und die innovative Fabrikausstattung auch für kleine Losgrößen.

ChatGPT ist ein Roboter (Chatbot) für komplizierte Sachverhalte, Reden, Briefe, Bilder, Unterhaltung usw. Fehler sind möglich.

Die kalifornische Firma Open AI wurde u.a. von Elon Musk gegründet. ChatGPT kann jeder über E-Mail nutzen.

Fusion der Gesellschaften Mikroelektronik und Mikrotechnik zu Micro Engineering

Strategisches Bündnis von Mikroelektronik und Mikrosystemtechnik

Die etwa 12000 Mitglieder starke neue Gesellschaft hat ihre Tätigkeit am 01.07.1996 aufgenommen.

Die Fusion der zwei Gesellschaften trägt der wachsenden technischen und wirtschaftlichen Bedeutung der Kombination von Mikroelektronik, Mikromechanik und Mikrooptik zum Micro Engineering Rechnung.

Ziel der neuen Gesellschaft ist es, technisch-wissenschaftliche Impulse zu geben, den Ausbau der guten Technologieposition Deutschlands in diesen Bereichen zu unterstützen, Kräfte bei der Bearbeitung neuer Felder zu bündeln sowie der Fachgesellschaft und ihrem Technologiebereich größeres Gewicht in der Öffentlichkeit zu verleihen.

Die von den ehemaligen Fachgesellschaften betreuten Technologiegebiete ergänzen und bedingen sich mehr und mehr in den verschiedensten Anwendungsfeldern.

In der Mikrosystemtechnik werden Elemente der Mechanik, Optik und Elektrotechnik zur Lösung ihrer Aufgaben genutzt.

Die Technologien der Mikroelektronik mit der Möglichkeit, damit auch mikromechanische und mikrooptische Bauelemente herzustellen, haben dazu geführt, dass Mikroelektronik, Mikromechanik und Mikrosystemtechnik zunehmend zusammenwachsen. Beispiele sind der Drucker und das Handy.

In der neuen Gesellschaft sind die bisherigen Fachsektoren und Fachbereiche der alten Gesellschaften zusammengefasst.

Die Geschäftsstelle mit allen Unterlagen übergab Lau bis zum 01.07.1996, weil auch ein anderer Ort für die neue Geschäftsstelle mit neuem Geschäftsführer gewählt wurde.

Die Entstehung der Gesellschaft Mikroelektronik

In den 80er-Jahren gab es einen sehr engagierten Hamburger Firmenleiter in der Elektronik. Er verbündete sich mit einem ebenso hochrangigen Konzern-Ingenieur in München. Beide beeindruckten die zwei übergeordneten technisch-wissenschaftlichen Organisationen mit diesem auf fünfhundert in DM hochgerechneten Milliardengeschäft Mikroelektronik.

So entstand 1986 eine neue Gesellschaft Mikroelektronik. Sie bedeutete eigentlich eine Konkurrenz zur Gesellschaft von Lau, der bisher die Mikroelektronik neben Mikromechanik und Mikrooptik auch mit vielen Ausschüssen und deren Ergebnissen als technische Regeln und Fachtagungen behandelte.

Es war aber wegen der Fülle dieser Aufgaben wohl eine Ausweitung zeitgemäß notwendig. Eine gute Zusammenarbeit auf ehrenamtlicher Basis entstand sogar.

Ein Beispiel: Auf einer Ehrung durch Lau initiiert für die Maskentechnik mit den Themen Lithographie, Wafer und Stepp and Repeat erschien der hochrangige Münchner als Chef des Geehrten.

Außerdem waren beide Münchner in der Fachwelt äußerst beliebt, was bis heute anhält.

Eine Vorladung von Lau bei seiner Führung der übergeordneten Organisation

Lau erhielt die Vorladung aufgrund seines letzten Beiratsprotokolls mit der Frage:

Warum haben sie als Geschäftsführer nicht im Protokoll geschrieben, dass sie die Fusion nicht wollen, da sie jetzt ihre Stelle doch loswerden?

Lau antwortete, dass er es versteckt im Protokoll erwähnt hat.

Daraufhin musste Lau im Büro unter Aufsicht des Fragenden die Stelle durch Lesen des Protokolls zeigen.

Dies gelang ihm vor Aufregung nicht, so dass festgestellt wurde: Es stand nichts drin.

Lau hatte aber beim Entwurf für seinen Vorsitzenden, der auch das Protokoll unterschrieben hatte selbstverständlich daran gedacht und irgendeine Formulierung so untergebracht.

Die Stelle fand Lau nicht mehr schnell genug oder sie ist vom Vorsitzenden gestrichen worden. Dadurch hat die Sekretärin das Protokoll so abgeändert.

Die Fusion bedeutete für die übergeordnete Organisation von Lau ein Verlust, z.B. bei den Gemeinkosten. Durch die Leiterplattentechnik entstanden Profite. Dies war auch der Hauptgrund, dass man die Fusion überhaupt wirtschaftlich haben wollte.

Lau äußerte sogar vorher auf einer hohen Sitzung bedenken. Seine Gesellschaft ist nämlich derzeit nur von wenigen Vorstandsmitgliedern abhängig, die aber nicht ewig bleiben werden.

Wegen zweimaliger Verneinung von Lau in diesem Gespräch erhielt er eine sehr unangenehme Abfuhr (→ bedenke mathematisch: $- \times - = +$).

In späteren Jahren ging real die Leiterplattenbranche in Deutschland runter, weil sie nach Fernost, vorwiegend wegen Umweltauflagen abwanderte.

Also ein „Aus des materiellen Fusionstraums“. Jedoch entstanden aber neue Geschäftsfelder.

Die Zukunft von Lau nach der Fusion

Schon vor der Fusion wurde Lau mitgeteilt, dass für ihn unruhige Zeiten bevorstehen. Er sich aber aufgrund seiner Qualifikation keine Sorgen machen müsse.

Als es dann soweit war und auch einen Städtewechsel der Geschäftsstelle gab, entschieden alle logischerweise sich für einen neuen Geschäftsführer, nämlich für den von der Mikroelektronik. Lau begrüßte es spontan, denn sie arbeiteten schon vorher gut zusammen.

Nun bekam Lau von der „obersten Heeresleitung“ eine schriftlich-vertragliche Zusage einer Chefredaktionsstelle in spe für das gemeinnützige Kerngeschäft der Erstellung technisch-wissenschaftlicher Regeln.

Lau schlug eigentlich eine andere Geschäftsführertätigkeit vor, z.B. für Werkstofftechnik, die schon immer aus seiner Siemenstätigkeit seine Leidenschaft war.

Aber ein Direktor, der seine Leute gut kannte meinte „Lau arbeitet so akribisch genau“, so dass er für diese Redaktionsarbeit mit Lektorat, Herstellung und Vertrieb prädestiniert sei. Lau hatte ein Alter von 52 Jahren und der noch tätige Stelleninhaber war 60 Jahre. Die Führung ging davon aus, dass dieser in Frührente gehen würde.

Insbesondere hatte diese Stelle noch den Charme eines Aufstiegs für Lau, da er dann alle anderen Geschäftsführer der verschiedenen Fachrichtungen der übergeordneten Organisation unter sich hätte.

Er selbst hatte ja die meisten Veröffentlichungen, nämlich 124 an der Zahl herausgebracht.

Lau vermutete diesen Aufstieg, der zunächst für „Interdisziplinäre Projekte“ mit einer Visitenkarte galt, auch durch Zuspruch seiner in der Industrie hochrangigen Direktoren und von namhaften Professoren.

Manchmal sickerte es bis zu ihm durch.

Der neue Geschäftsführer

Der erste Geschäftsführernachfolger von Lau war nun der Geschäftsführer der Mikroelektronikgesellschaft.

Lau wurde später mal angesprochen, ob er nicht doch wieder Geschäftsführer werden wolle, weil der Hauptgrund der Fusion, die damals 1996 noch erfolgreiche Leiterplattentechnik in Deutschland nicht mehr so gut lief.

Der neue Geschäftsführer hatte jedoch den großen Vorteil, dass er noch mehr menschlicher als Lau sich um alle Ausschussmitglieder kümmerte und damit sehr gut ankam.

Der nächste Nachfolger, nach rd. 10 Jahren, kam aus Berlin wie Lau und bestach durch seine Freundlichkeit und seinen enormen Fleiß.

Den Standort Leiterplattentechnik in Deutschland konnte er auch nicht retten, d.h. die einstmals sehr großen Fachtagungen. Eine Fremdgesellschaft „Schweißtechnik" stieg noch als Partner bei der Leiterplattentechnik wegen Verbindungstechniken ein.

Dieser neue Geschäftsführer baute als Elektrotechniker hervorragend die elektronische Mikrotechnik zur Mikrosystemtechnik aus.

Jedoch sind ja Techniken und Verfahren nur die Voraussetzung für Produkte, die im höheren wirtschaftlichen Fokus stehen.

Tätigkeitsorientierte oder produktorientierte Gesellschaftsarbeit ist hier die Frage.

Alles hängt damit zusammen, dass diese Gesellschaft immer vorwiegend eine Professorengesellschaft war.

Kurios: Beim Vater des zweiten Nachfolgers hatte Lau Vorlesungen und eine Prüfung an der Universität in Berlin gehört und abgeschlossen.

Neuer Gesellschaftsname

Nach der Fusion der Gesellschaften musste ein neuer Name gefunden werden. Er bestand dann aus die Zusammenlegung der alten Namen.

Dies wurde dann von neuen Professoren und Direktoren in Richtung Mikrosystemtechnik gelenkt.

Lau war eigentlich mit allen Namen nie einverstanden, weil sie nicht öffentlichkeitswirksam sind und immer erklärt werden mussten.

Heute schlägt Lau vor:

Gesellschaft Micro Engineering (GME)
Mikroelektronik • Mikromechanik • Mikrooptik

übersetzt ins Englische

Society for
Micro Elektronic, Micro Mechanic, Micro Optic

oder international

Association Micro Engineering

angelehnt an den Namen

Gesellschaft Materials Engineering

Dies ist auch die Erklärung mit den Kürzeln µE, µM und µO von Lau für die heute noch gebräuchlichen Begriffe Mikro- und Mikrosystemtechnik mit ihrem Ursprung von 1936 und der heutigen Preisvergabe für den Namensgeber.

In der neuen Bezeichnung passen doch alle Lehrstühle, Institute und Gesellschaften rein, z.B. Elektronik-Design, Elektromechanische Konstruktionen und Optik-Design, oder?

So werden auch beispielsweise die Leiterplattentechnik und Maskentechnik als Technologien mit erfasst, auch international das Precision Engineering.

Tätigkeiten von Lau nach der Fusion

Nach der Fusion und seiner langjährigen Geschäftsführertätigkeit leitete dann Lau als designierter technischer Chefredakteur in der übergeordneten Organisation die Redaktion mit dem Lektorat, der Herstellung und Vermarktung technischer Schriften aller Fachgebiete.

Nach dem hauptamtlichen Ausscheiden führte Lau als gewählter Co-Vorsitzender ehrenamtlich die Arbeit für die Mikroelemente erfolgreich aus.

Eine Betonung liegt hier auf Elemente der Mikrotechnik im Vergleich zum Pflichtfach Maschinenelemente im Maschinenbaustudium.

Viele Professoren, Leute aus Forschungsinstituten und Industrieexperten lieferten dafür Beiträge für mehrere Veröffentlichungen von technischen Regeln. Studenten arbeiteten mit Studien- und Diplomarbeiten zu.

Der oberste Ausschussvorsitzende stammt aus einer über alle Ost- und Westgrenzen bekannten Schriftstellerfamilie.

Nach diesem deutschen Gedichte- und Prosaschreiber *1890 † 1953 benannte man eine wichtige Straße im östlichen Berlin.
Eine Briefmarke von ihm erschien 1990 noch in der DDR.

Nach diesen Arbeiten mit 121 Sitzungen seit 1956 mit wechselnden Obleuten bis zum 19.05.2017 unterhält Lau noch enge Kontakte zu ihm.

Er hat besonders Berlin bewandert und ist geschichtlich mit vielen Dokumenten gebildet.

Ebenso bestehen auch zu Berliner Professoren bis heute noch von Lau Verbindungen.

Denn, ein notwendiger Arbeitsrichtungswechsel im Wesentlichen zur Mikrosystemtechnik des Ausschusses „Mechanische Mikroelemente“ wird mit internationalen Workshops „Gas Bearings“ nun fortgesetzt.

International deshalb, wegen gemeinsamer Organisation mit der DSPE

„Dutch Society for Precision Engineering“. Lau hatte schon seit den 80er-Jahren diese Verbindung gepflegt. Düsseldorf ist deshalb dafür immer der Treffpunkt und Veranstaltungsort.

Der Berliner Chairman hat zufällig holländische Berufserfahrungen und spricht auch diese Sprache, was motivierend ist.

Nach endgültiger Fusion

Es gab danach viele Schreiben an Lau, z.B. Dankschreiben zu den Tagungseinladungen mit der Bitte, nun um Streichung aus dem Verteiler.

Ebenso erhielt Lau von einem ehrenamtlichen Leiterplatten-Professor ein Austrittsschreiben wegen neuem Umgangston.

Auch ein Aufruf zur Mitarbeit an der technischen Regelsetzung musste verfasst werden.

Ein historisches Zitat zu funktionierender Arbeit vom römischen Senator Petronius Arbiter † 66 n. Chr. :

„Man neigt dazu Schwierigkeiten mit einer Reorganisation zu begegnen".

So soll die Illusion von Fortschritt geschaffen werden.

Aber:

Innovation und damit höheren Lebensstandard heißt, auf dem Höhepunkt des Erfolgs schon etwas Neues wagen.

Interessante Anmerkung:

Auf der 1. Sitzung von Lau „Elektrische Bauelemente" in Hamburg am 01.03.1979 wurde eine Enkelin seines Vorgängers geboren.

Auf der letzten Sitzung von Lau „Leiterplattenfertigung" 1996 wurde auch eine Enkelin des Obmannes geboren.

Zur Mikroelektronik in 1997

Mikroelektronik sollte einer „Clusterbildung", wegen des sehr anspruchsvollen Faches unterzogen werden, um eine staatliche Förderung zu erhalten. In Belgien geschieht es.

Arbeit: Eine philosophische Frage

Lau hatte immer den Mut zu Veränderungen, mit dem Motto „Auf geht's / let's go". Besonders in fachlicher Ausschussarbeit ist dies von Vorteil.

In den industriellen Revolutionen, wie

der Ersten mit Wirtschaftsaufstieg,

der Zweiten mit Verstädterung und Massenproduktion (Fließbandarbeit),

der Dritten mit Ausgleich der „Früchte" und

der Vierten jetzigen „Jobbetreffenden", z.B. exzellente Arbeit durch Digitalisierung und Routinearbeit ersetzende Beschäftigung.

Also: Im zweiten Maschinenzeitalter werden die Tätigkeiten und die Kommunikation verändert.

Der Vorteil ist doch, dass Maschinen eintönige Arbeiten ausführen können.

Ingenieure und Informatiker sind also die Fachleute, die die Arbeit automatisieren und verfeinern.

Dazu sollten Begabte mit Talenten in den MINT-Fächern (Mathematik, Informatik, Naturwissenschaften/Physik, Technik) gefördert werden.

Individualisierung des Lernens ist ein Schlüssel für bessere Kenntnisse. Selbstlernprogramme, z.B. für Mathematik, Physik und Informatik können dabei helfen.

Nun zum Themenbezug „Arbeit":

Wo Arbeitsethos sehr hoch ist, wie bei den Ingenieuren, da ist auch das Ehrenamt hoch. Daraus folgt eine Transformation der Arbeitswelt.

Eine Zwischenfeststellung zu den Glücksansprüchen:

Früher stand Arbeit im Zentrum.
Heute steht mehr das Leben im Vordergrund, wie Reisen, Sport, Freunde usw.

Reaktionen sind zu überlegen und zu überdenken. Unternehmen und politisches Denken können es meist nicht lösen. Es gibt z.B. mehr Unternehmensberater als Vordenker für die Gemeinwohl-Gesellschaft.

Fazit: Beide, Berater und Vordenker wird es geben müssen.
Sie erweitern die Gesellschaft und finden neue Konzepte.

Dies vertrat Lau vehement auch mit Zivilcourage zum Wohle aller, auch mit diesem Buch.

„Ein Mensch ist leicht,
wenn er wenig braucht
und er das Wenige,
dass er braucht, hat.

Hebräer 13,5:
Lasst euch genügen
an dem,
was da ist.

Der Grundton des Buches

Was hat Lau in seiner Funktion als Geschäftsführer übergeordnetes geleistet?

- Er, der Genauigkeitsingenieur, hat sich immer mit Herzblut für die übergeordneten Organisationen eingesetzt.
- Die neuen Mikrotechniken in den 80er-Jahren rechtzeitig mitgeprägt.
- Viele neue Leute, die sich für die Gesellschaft engagierten gefördert.

- In der Wendezeit und danach die Hochschulen zusammengeführt und aktiv die Professoren des Fachgebietes in die Gesellschaft integriert.
- Dies passte auch gut zu seinen internationalen Aktivitäten.

Alles sind mikrotechnische Grundlagen der Gesellschaft für die heutige Zeit mit

- Push-Aspekten, wie
- Nachhaltigkeit ganzheitlich
- Effizienz steigern
- Multidisziplinäres fördern
- Status quo auflösen
- Umweltmissbrauch verhindern
- Technik und Mensch betrachten
- Transformation fundamental optimieren und
- Pull-Anreize meiden.

Lau war nie Bedenkenträger, Bremser und Verhinderer sondern Förderer und Vorausschauender.

Noch ein Ausblick:
Beispielsweise wären zukünftige Fachausschussarbeiten nach

Maschinenelemente	1880
Feinmechanische Bauelemente	1922
Elektromechanische Elemente	1937 nun die

Mikroelemente, mikroelektronische, mikromechanische, mikrooptische.

Es können sein, die Sensoren, Aktoren, MEMS und MOEMS (Micro-Electro-Mechanical- und Micro-Opto-Electro-Mechanical-Systems).

Englisch und die internationale Micro Engineering

Fachkompetenz und Teamgeist sind für die Gemeinschaftsarbeit vorhanden. Jedoch liegt oft ein holpriges britisches Englisch bei den Beteiligten vor, weswegen sie ja auch nicht Geisteswissenschaftler sondern Naturwissenschaftler sind.

Lau stellte es hervorgehoben bei den Italienern fest, mit denen er sich deshalb gern unterhielt.

Do you speak English? Sicherlich, aber wie!

Englisch ist nicht wörtlich zu nehmen, z.B. „How are you?", das Hallo.

Eine Antwort „Fine, how are you" oder „Fine, thank you" reicht.

Handy bedeutet wörtlich nicht Smartphone oder Mobile Phone, sondern „handlich praktisch".

Muttersprachliche Redewendungen sind in offiziellen Geschäftsgesprächen besser zu meiden, wenn man ihre Bedeutung nicht kennt. Ausrutscher sollte man humoristisch sehen, z.B. im Small Talk.

Zwischen-den-Zeilen-Lesen und -Hören ist im Englischen problematisch. That's interesting kann auch schlechte Idee bedeuten.

Den Gegenüber mal kommen lassen, z.B. wenn er sagt: „What's the risk".

Die Körpersprache ist in deutsch und englisch ähnlich; im Asiatischen ist sie etwas anders.

Umschreibungen beim Fachenglischen sind hilfreich, z.B. mit „Sorry" als Anfang.

Öfters Lernen ist besser als langes Lernen. Filme und TV unterstützt es. Schlüsselwörter sind wichtig, z.B. „I think".

Die Plattform „Babbel" gibt es für E-Learning.

Bemerkungen zu Mikromechanik-Elementen

Die Hauptabsicht der Betrachtung von „Mikroelemente der Mikromechanik“ besteht – auch mit technischen Regeln – darin, eine Grundlage für die Hochschullehre und als Hilfe für die Industrie zur Verfügung zu stellen.

Das Kennzeichen dieser Mikroelemente ist die große Verbreitung, z.B. mit Sensoren und Aktoren durch Massenfabrikation. Es sollten Begriffsbestimmungen und an technische Funktionen orientierte Systematik, konstruktive Gestaltung sowie theoretische Grundlagen aufgezeigt werden.

Erste Waagen oder Uhren haben auf diesem Gebiet eine lange Tradition.

Die Begriffe sind Precision Engineering, französisch Microtechnique und japanisch Mecatronic.

Seit dem 20. Jahrhundert ist die Mikromechanik vorherrschend. Die integrierende Wirkung unterschiedlicher physikalischer Disziplinen beeinflusste die interdisziplinären Entwicklungsaufgaben.

Sie sind heute in Black-Box-Darstellungen mit Eingang und Ausgang gut beschrieben.

Die kleinsten Bauelemente haben Wirkprinzipien im Mikrometerbereich (Mikro nach SI-Abk.: μ). Eine Abmessung der Struktur liegt im Mikrometerbereich und darunter, z.B. beim Lichtwellenleiter. Dadurch entstehen Volumen- und Masseverkleinerungen der Bauelemente und höhere Gebrauchswerte, z.B. durch Energieeinsparungen.

Die Miniaturisierung der Elemente erfordert neue Fertigungsmethoden, Verbindungstechnologien und eine besondere Handhabung bzw. Montage.

Bei der Mikromechanik handelt es sich um eine Technik, die auf den Verfahren der Halbleitertechnologie beruht, aber auch für andere Materialien funktioniert.

Während die zur Herstellung von integrierten Schaltungen nur oberflächennahe Bereiche erreicht werden, muss bei den mikromechanischen Elementen eine dreidimensionale Strukturierung erfolgen.

Dazu sind folgende Verfahren wichtig:

- Eine Maske enthält das durch den Entwurf festgelegte geometrische Bauelementemuster.
- Lithographie, durch die die benötigten Formen entstehen.
- Ätzverfahren, wodurch eine in Schichtdicke, Material und Richtung kontrollierte Abtragung möglich ist, also ein Galvanoformungsprozess für Metalle.
- Kunststoffabformungsverfahren sind moderne Verfahren mit großem Einfluss.
- Laserinduzierte Verfahren

Zusammenfassung der Arbeiten von Lau

Seit 1979 bis 1996, also in über 17 Jahren gelang es Lau als Geschäftsführer die Vernetzung von Experten seiner Gesellschaft.

In über 30 Fachausschüssen arbeitete er auf jeder Sitzung schwerpunktmäßig für die Erstellung technischer Regeln und bei Tagungsplanungen aktiv mit.

Lau leistete die reibungslose Organisation der Veranstaltungen und die Beschlussdurchführung des Vorstandes und Beirates, z.B. für Berufs- und Standesfragen sowie für die internationale Zusammenarbeit.

Rund 100 Veröffentlichungen in namhaften Verlagen erschienen von ihm.
Für viele Bücher war er Mitautor.
6 Pressekonferenzen und diverse Messeauftritte veranstaltete er
Über 60 Tagungen und Kongresse – auch internationale – mit insgesamt rund 13.000 Teilnehmern (bis zu 1000 Teilnehmern

auf Leiterplattentagungen und 3000 Besuchern auf Kongressen) wurden von Lau erfolgreich organisiert und finanziell verantwortet. Das Budget betrug rund eine Million pro Jahr bei großen Veranstaltungen.

Viele Firmen und Persönlichkeiten erhielten eine Förderung durch Veranstaltungsauftritte und Publikationen.

Lau entwickelte das Fachgebiet der Gesellschaft Mikroelektr(on)ik, Mikromechanik, Mikrooptik bis zur Fusion mit der speziellen Gesellschaft Mikroelektronik mit überdurchschnittlichem Mitgliederzuwachs von 1.500 in 1979 auf 12.000 in 1996.

Das Standardgeschäftsfeld „Technische Regeln", wovon er 124 als Entwurf und Endfassung neu erstellte, stand unter seiner Leitung. Auch ein Prozessteam „Veröffentlichungen" führte er.

Nach der Fusion 1996 war Lau Technischer Redakteur in der Leitung mit über 500 Publikationen der erweiterten fachlichen Arbeit auf die gesamte Technik.

Diese 8-jährige Arbeit mit den Schwerpunkten Redaktion/Lektorat, Herstellung und Marketing, fachliche Beratung sowie Zusammenarbeit mit anderen Verlagen als Werbeträger löste er durch seine effektive Arbeitsweise und mit verwertbaren neuen Ideen.

Genehmigte Nebentätigkeiten wie Mitarbeit in einem Forschungsprojekt der Volkswagenstiftung, Arbeiten für andere Verlage und über 14 Jahre als Lehrbeauftragter an einer Universität mit der Option der Honorarprofessur rundeten seine hauptamtliche Arbeit bis zum Mitte des Jahres 2004 ab.

Danach ist er bis heute ehrenamtlich im Mikro Engineering tätig.

Schlusssatz angelehnt an Eugen Roth

Am Tisch des Arbeitslebens

Auf seinem Platz wartet schon
Die nächste Generation.

Er sieht den holden Jugendwahn,
Den zu verspeisen sich getraut,
Was er, als Greis, nicht mehr verdaut.
„Denn“, sagt er sich, bescheiden – klug:
„Viel oder wenig war – genug“!

Bis auf den Platz die nächsten kommen,
Den hatte er auch – zeitweise – eingenommen.

Gespeist – gezahlt: nun ist er quitt
Und wünscht – „Guten Appetit“

Und sagt „It’s time to say goodbye“!

Manchmal, wenn ich etwas
gesagt habe, muss ich sagen,
dass ich es ernst meine.

Elon Musk